新未来

U0178656

———————— 想象，比知识更重要

幻 象 文 库 ——————————

身体真相

科学、历史和文化如何推动我们痴迷体重

以及我们能做些什么

How Science, History,
and Culture Drive Our Obsession with Weight
and What We Can Do about It

[美] 哈里特·布朗————著

张敬婕————译

新星出版社 NEW STAR PRESS

"我会说你疯了，我会说你是泼妇，但我从来不会说你是胖子。"

——兰斯·阿姆斯特朗（美国传奇自行车运动员）

此书以爱之名，献给

我生命中的所有女性，尤其是我的女儿们

以及艾琳·萨特

导言
我的生活如何随着一句话而改变

在 20 世纪 90 年代一个酷暑的夜晚，我坐在治疗师办公室的椅子上哭泣。我告诉她，我的身体太肥了，太容易饿了，太难以控制了，它不像我每天五百次[1]在网上、电视上、杂志和户外广告牌上看到的那种身体，它看起来并不像它应有的样子、我所期待的样子。有几年的时间，我的身体的确是我想要的样子，我会称重并测量我的身体，记录下我吃的所有东西，每天锻炼两次，努力维持体形。然而，身体总是不可避免地会反弹到自然的状态。就像现在一样，它比我想要的状态、比它应该成为的样子重了三十或四十磅。

我来治疗是因为我希望有人来解决我的问题。特别是告诉我如何重新掌控我的身体（当然，与此相随地也包括掌控我的大脑）。这位治疗师制订了一个为期十周的计划，旨在帮助有饮食问题的人。我希望她能教我如何再次控制自己的食欲，我二十多岁时很擅长这点。现在，十多年后，在经历三次怀孕和几多生活磨炼之后，我似乎再也做不到控制食欲了。我就这么坐在椅子上，流着自怜的泪水，期待着治疗师

1　2007 年，一家市场调研公司曾预测生活在城市的人每天看到的广告数量会上升到五千次；一些广告高管和评论员质疑这个数字。考虑到过去八年来广告持续的增长速度，作者每天看 500 个广告似乎是保守的估算。

抽出舒洁面巾纸止住我的泪水，并消除我的疑虑，让我知道我的情况并不是那么糟，确认她会帮我减肥，我们会一起解决这个问题。

她确实递给我一盒纸巾，但她没有轻声安慰，相反，她靠坐在她的椅子上看着我。这位五十多岁的女人，一头直立的黑发，软塌塌的肚子，结实的双腿跨在我们之间，脸上带着我无法读懂的表情。这表情里有可怜？悲哀？审判？我等着她拯救我，我的汗水在我的颈后滑落。在很长一段时间过后，她说了一句不可思议的话，一句将改变我一生的话，尽管当时我根本不明就里。

"如果你对你身体现在的样子感到满意，又怎么样呢？"她说。

我盯着她。我想说的是"你疯了吗"，我的意思是，我来这里的原因正在于我对自己的身体并不满意。难道她希望我因太胖而心脏病发作，或中风或患糖尿病吗？她知道我浪费了多少时间在镜前哭泣吗？难道她想让我的余生看起来像她那样吗？

当然，我之前从未考虑过这种可能性，即我与这样的身体之间会相安无事。这样的身体是谁都无法接受的，我也不打算接受它。一旦我接受了，我就会自我放松成为那种增加了几磅也不以为然的女人，我的祖母一谈到这样的女人就会摇头。即使在孩提时代，我也明白祖母为何看不上这些女人：她们已经不再在意自身，也不再顾惜自身了。事到如今那些自暴自弃的女人从我的祖母以及她们社交圈中其他女性那里得到的评价都将会是责难、八卦和怜悯。

我永远都不会自我放松，我永远、永远都不会成为那种邋遢、懒惰、乏味、臃肿的朋友，或者母亲，抑或是会令我祖母摇头的那种女人。

这位治疗师一定明白在这个时代及此情此景之下，作为一个女人，没有一个合适的身材是多么难熬。毕竟，她自己并不瘦。她一定体验过针对任何被认为太壮的女人所遭受的那种刻薄批评和傲慢言辞。她一定为拥有一个不合时宜的、无法控制的，并且本不该如此的身体而感到过同样的耻辱。她怎么可能问我这样一个问题呢？

我考虑现在就离开，在治疗还在进行的时候，并且永远不再回来。但冥冥之中我坐在椅子上没有动。我预感到如果我走了，我会错过一些非常重要的东西。所以在接下来的治疗中，我坐下来紧张地轻晃着身体、结结巴巴地说话。我不问任何问题，因为我不想听到我没救了这种话，我最好适应并以这种方式来度过我可以断定的短寿生活。当我回到家时，我对她暗示我对那种会放弃世界上自己最想要的东西的人感到愤怒。我可能很胖，但我不是一个会放弃的人。

她的话深戳我心。当我刷牙的时候，与我女儿们交谈的时候，将晚餐放在桌上的时候，她的话始终萦绕在我耳际。我已经三十多岁了，但实际上我之前从没想过，有些人，尤其是女人，可能会觉得身材不瘦也无所谓。就好像她的话揭示出了我视野中的一个我所未知但确实存在的巨大的盲点。

所以在接下来的几个星期里，我有意无意地思考着这些问题。实际上，我日日夜夜都在思考。我想着我的余生如果在这样的身体状态下度过将会如何。我也开始尝试令人恐慌的节食法，虽然不是很成功。我发誓戒除碳水化合物，然后舍掉甜点，然后宣称自己是严格的纯素主义者。这一切是徒劳无功且荒谬可笑的，因为我无法恪守这些新节食方案超过一天。我发现自己会在午夜惊醒，汗流浃背，肾上腺素在我的血管中燃烧，"我很胖，我很胖，我很胖"的论调冲撞着我的脑海。我很聪明，很有原则，也很勤奋，按照任何标准来评判我都是一个成功的女人。我不能再这样节食了。

我们正经历着一种流行病，这种流行病正在摧毁我们的生活质量和寿命。它不仅影响着我们，而且影响着我们的孩子，也可能影响着他们的孩子。虽然这种流行病已经持续了一段时间，但它仍在以惊人的速度增长，不仅仅在这里，也在世界各地肆虐。在二十一世纪的文化里你很难找到一个不与之抗争的个例。

我不是在谈论超重或肥胖症，我说的是我们对体重的强迫症，对瘦弱无休止的追求，对我们身材的无情焦虑。即使是最自信的人也会陷入身体焦虑中：2011 年《魅力》杂志展开的调查中，97% 的年轻女性表示，她们每天至少一次，通常是更多次地对自己的身材产生仇恨。97%——这几乎就是每个人了。另一个案例中五分之四的女性表示她们对自己镜中的身形并不满意。

在过去的几年里，就体重和身形问题我采访了数百名女性，每个人都坦承自己曾经不同程度地深陷仇恨身形的斗争中，或者仍然在抗争。我们中的太多人浪费着时间，浪费着情感能量，头脑清醒地让我们的身体尽量符合那些所谓标准的体重和体形的严苛规则。即使对于那些明确知道追求瘦弱最终既无结果又毫无意义的女性而言，去挑战涉及体重问题的文化规范也是超乎想象的艰难。

一系列的规定性信息从很早就开始发威了。一些研究表明，三岁和四岁的孩子已经开始害怕发胖，这并不奇怪：他们已经准备好吸收和内化我们教给他们的课程，在这种情况下意味着他们会对自己的身体感到羞愧和自我厌恶。即使他们没有在家里接触这些信息，也可以从电视节目、书籍、老师、医生、游戏和其他孩子那里听到这样的论调。即使是最自信的女性也在经受着每日的严酷考验，那些成堆的图像和信息在精神上、社交中和身体上警告着我们必须达到那个所谓的社会标准化的、其实根本无法实现的理想身材。这个问题并不仅仅是女性问题，男人和男孩们也越来越多地陷入对自己身材变形的焦虑中（实际上，18%的男性说他们每天都觉得自己肥胖）[1]：女人想变瘦，男人想变强壮；女性希望瘦到大腿间有缝隙，男人想要六块腹肌。

当然，这种痴迷并不是什么新鲜事，在20世纪70年代，我和我的朋友们在年轻的时候就在镜子前度过了许多悲惨的时光，真正新鲜的是这个问题已经变得如此广泛。它对我们施加的影响无处不在——来自媒体、医生和医学专家，来自学校管理者、政治家，甚至是环保主义者。我的老天！从经济衰退到气候变化的每一个现代问题在某种程度上都被归咎于肥胖。我们被告知，我们缺乏节制，贪婪，懒惰，我们的孩子将成为第一个"摩登一代"——因为肥胖症，他们将比自己的父母短寿。体重问题使得每年的医疗费用额外增加660亿美元，导致全球变暖，造成世界粮食资源紧张，白白消耗掉相当于5亿人口粮的粮食储备。

对体重的痴迷已经成为一种仪式和一种克制，它打破和塑造每一种关系，包括我们与自己的关系。它已经成为一种社交货币，不仅适用于女性，也适用于青少年甚至儿童。当我十五岁的小女儿告诉我（她对我的天真感到很恼火）："妈妈，抨击肥胖是女孩之间的共同话题，如果我想要交朋友，我必须说一些我的身材不好之类的话。"对别人说那些"不好的话"会加强我们内心对肥胖的批评之声，这种声音对每一件衣服吹毛求疵，评估每寸肌肤、每处瑕疵和我们所做的每一

1 对男孩和男性而言，身体形象问题也呈上升趋势，但对这个问题还没有足够的统计数据，这可能是因为男性对这类问题的关注远不如女性。

个选择。我们已经习惯了那种不间断的内心评判，我们甚至从不会去质疑这一点。

我们用来谈论我们身体的词汇也发生了变化，我们不再是"丰满"或"圆润"的，"健壮"、"结实"或"强壮"的；现在我们是"超重"或"肥胖"的，这些词意味着事实和数据，是疾病而不是美感。若你的体重指数 (BMI) 超过 25，你就是超重的；体重指数超过 30，你就是肥胖的。（根据美国医学会的报告，若体重指数超过 30 便是疾病的指征。）这些词汇也会影响那些与我们相关的人与我们交往的方式，包括我们的医生。而且，最具破坏性的是，这些词汇改变了我们看待自己和他人的方式。例如，"超重"这个词表明存在着一个能够被忍受的重量数字，任何超过它的数字都意味着体重过分了。这个数字"超过"了它本应该恪守的标准。"肥胖（症）"这个词已经成为一种诊断结论而不是一种描述，是一堆不良品质的简称：暴饮暴食、缺乏自律、懒惰、邋遢、丑陋等。

如果你正在阅读这篇文章并且认为"等一下，这不是正发生在我们生活中的事实吧"，那么请回想一下你最近在电视新闻或网络文章中看到的有关"肥胖"的描述吧。我敢打赌，会有一张照片上画着一个从颈部以下非常胖的人，没有面孔，或者脚步沉重，或者身上的肥肉溢出了整把椅子，或者正在大口大口地吃着炸薯条或冰激凌——即英国心理治疗师夏洛特·库珀（Charlotte Cooper）所谓的"无头胖子"（headless fatty）形象[1]。致命的问题是，我们很难对这样一个不露脸的肉团产生同情心。（也许，还有一个因素是"给人展示出一个人这么胖

---

[1]　参见夏洛特·库珀：《无头胖子》，于 2014 年 10 月 23 日访问网站 www.charlottecooper.net.

太尴尬了，所以我们会隐瞒她的身份信息"。这两种做法同样都是对胖人的冒犯。）

我更喜欢"胖子"（fat）这个词，它基于描述而不是判断。我们所有人的身体都有脂肪，没有它你就活不了。超过一半的大脑由脂肪酸组成；[1] 若大脑中没有足够的脂肪，大脑健康会恶化，容易使人患上抑郁、焦虑、疲劳和认知能力减退的疾病。

但有些人害怕听到这个词，就像恐惧疾病一样。我是雪城大学的一名教授，在这里，我创设了一门关于身体多样性的课程，创设这门课的部分原因是我看到我的学生多年来一直与身材问题缠斗。当我第一次在课堂上使用这个词时，学生们惊讶得几乎从椅子上掉下来。在我们的文化传统中称呼某人为"胖子"是大不敬的和不可原谅的。即便是兰斯·阿姆斯特朗（Lance Armstrong）[2] 也不会这样做。

肥胖问题曾经是个人的焦虑和痛苦根源，如今已经衍生为持续的公众对话。就在十年前，谷歌搜索"肥胖"（obesity）这个词的点击率达到了 21.7 万次，但仅 2014 年前六个月里类似的搜索就有近2700 万次点击。谷歌搜索并非代表了一种科学标准，但它的确反映了一种文化上的当务之急——在这种情况下，我们比以往任何时候都更加为我们的体重和身体外观而担惊受怕。我们中的许多人都相信温莎公爵夫人（Duchess of Windsor）的名言：我们永远都不够瘦——而且如果我们不瘦，我们就永远不会成功、令人满意、讨喜或成为有价值的人。

1　参见 C. Y. 张，D. S. 凯，J. Y. 陈：《必需的脂肪酸与人类大脑》，发表于《台湾神经学》，2009 年第 18 卷，第 4 期，第 231—241 页。

2　美国职业自行车运动员，连续七届环法大赛冠军。——译者注在 2013 年秋季，《早安美国》（*Good Morning America*）的前主持人琼·伦登（Joan Lunden）在《今日秀》（*Today Show*）上开玩笑说，患有三阴性乳腺癌并经历几轮侵袭性化疗的好处之一就是减肥。我知道这是黑色幽默，旨在帮助缓解这个极度痛苦的局面。但是，除非有人认为与一种潜在的致命疾病斗争而变瘦是一种奖赏，否则不会有人能笑出声来。

我们谈论体重的方式已成为一种信号。"我需要减掉五磅！"我们向一位朋友发出这样的抱怨，其实意味着我们希望听到我们的朋友告诉我们"你现在的样子已经很好了"，意味着我们告诉她"我觉得我不如你"，意味着"我还可以变得更完美"。"我只是还没找到减掉这些体重的方法"，当我们绝望地说出这句话时，意味着"我得不到爱情、工作和成就，而这一切都是因为我的体重，它是我身上的巨大错误"。

举个例子，每年一月，全国人民都在进行新年过后的自我审查与自虐，媒体也会播放大量的减肥故事、宣扬各种减重方式以解决人们穿上比基尼、去掉腰间新增赘肉的需求。那些故事往往让我们感觉更糟而不是更好。这些故事不断号召我们追求米歇尔·奥巴马（Michelle Obama）那样的手臂，珍妮弗·安妮斯顿（Jennifer Aniston）那样的小腹，乔·曼甘尼洛（Joe Manganiello）那样的六块腹肌，但这些故事却并没有给我们提供任何有用的信息和资源。

如果所有这些身体焦虑会使人们变得更健康和更快乐，也许我们可以盖棺定论说这种方式是合理的。但事实并非如此。相反，我们中的许多人都在无比清醒地承受着无休无止的自厌折磨。同时，我们也搞砸了我们吃的食物。最近的一项调查发现，75% 的美国女性宣称她们在采用失调的饮食行为。[1] 我相信这些女性的确存在这些饮食问题。我曾听我的学生自夸说她每天只进食一次，我见过成年女性用令人心碎的恐惧和渴望眼神盯着一块面包是什么样子的。我们在抑制性饮食与"解除抑制性饮食"（对暴饮暴食的美化说法）之间不断回旋。

我们正在为此付出代价，事实上这些代价是巨大的。当我们专注于希拉里·克林顿（Hillary Clinton）脚踝的粗细而不是她的选票情况时，我们错失了一个富有意义的政治决策机会。当我们每天都在健身房打卡而无法脱身时，我们牺牲了宝贵的、本可以更有成效的时间，本来这些时间可以用在获得研究生学位、学习语言、获得职业技能、发展关系、做志愿者工作等方面上。当我们唠叨孩子们的体重或所吃的食物时，我们所传达的信息是他们不够好，而且这么做也在破坏我们与他们之间真正的关系。

多年来，我一直视自己的身体为需要被征服、被剥夺和被打至屈服的敌人——我要把它变成尽可能小的形状与尺寸。偶尔我为它的力量和曲线感到自豪，但更多时候我把它看作我个人的弱点和耻辱的象征，是我不足和失败的外在表现。在镜子里看到自己是一种我尽量避免的体验，这种体验可能会让我好几个小时沉浸在不快乐的情绪里。仅仅因为腿粗，我好几年的时间都沉溺在自厌状态里。几十年来，我的体重一直在升升降降，经历了从勉强达到"标准身材"到轻度肥胖的变化，但这些年来身材问题带给我的绝望和自厌却从来没有发生过变化，一直很严重。

1　根据 2008 年 *Self* 杂志和北卡罗来纳大学教堂山分校共同开展的一项研究。参见 www.med.unc. edu/www/newsarchive/2008/april/survey-finds-disordered-eating-behaviors-among-three-out-of-four-american-women.

最糟糕的是我对这个问题理解得非常深刻。我读过西蒙娜·德·波伏娃（Simone de Beauvoir）、葛罗莉亚·斯坦能（Gloria Steinem）、纳奥米·伍尔夫（Naomi Wolf）。我在理智上清楚地知道女性获得的自由和权利越多，社会所施加的压力就会越顽固、越具有破坏性地将女性（以及越来越多的男性）按照某种特定的形状、尺寸和态度而加以规约。

但当谈到我自己的身体时，我所知道的一切理性认知都蒸发了，我的感性经验变得势不可当。虽然我理解在现实中我是一个看起来通情达理的女人，有一个爱我的丈夫，有心爱的女儿们，也有非常好的朋友们，但我仍然感到自己奇特而丑陋。我觉得我块头太大了，我总在想自己的身形是多么笨拙，哪个部位本该紧绷却如此臃肿，我用来想这些事情的时间本该去走路锻炼的。我已经习惯于认定自己是彪形女汉子，有时当我在镜子里看到自己时，有那么一秒钟我会感到很惊讶，"她看起来很匀称啊"。我可以说服一个朋友使其不再仇恨身体，但我对自己的身体却永远不满意。有时我希望自己穿一个塑料袋就好，就在塑料袋里了却余生罢了。

我们每个人都认为自己对体重和身体形象的痴迷仅仅是彼此独立的、个人化的。我们责备自己不够瘦，不够性感，身材比例不完美。我们深信我们应该要符合当下的标准。如果我们不属于那些生来就符合当下标准的1%的人群，就会觉得这是我们的过错。我们相信只要我们少吃点儿，多样化饮食，多锻炼，恪守素食，吐掉吃进去的食物，戒掉面食，吃点儿泻药，放弃快餐，不吃糖，就能成为已经达标的那群人。

但现实再清楚不过了：这不是一个个人化的问题。这与你的软弱，或我的懒惰，或她的缺乏自律都无关。对体重的这种痴迷如此强大，它超越了我们所有人。它已经成为传染病、地方病和大瘟疫。它来自我们周边，却已深深扎进我们的皮肤，并在那里溃烂。这种疼痛包含了此世最深刻的质疑：我们到底是谁。我们通过我们的身体、皮肤、神经元和神经来体验这个世界。其他人总是只看到我们的肉体、骨骼和血液。当你感受自我时却对构成身体的各个部分充满憎恨，你怎么能感到舒心呢？

事实证明，你并不会感到快乐。所以当我紧张地坐在治疗师的椅子上时，会一边质疑地盯着她一边在想她是不是疯了。那也是我将自己置于完全不同的经验的所在。从那里开始，我与食物的关系发生了转变，我的自我感受也随之而变。

我花了数年的时间才改变了自己的观点，历经数年的思考和了解，我的感受才开始改变。虽然我偶尔对食物仍会像对待敌人一样，但现在我大部分时间都关注在能使身心感觉良好的内容上——而不是关注体重。我吃得既好又享受。我会散步很长时间，骑自行车，我做这些事是因为它们让我感觉很好，而不是因为燃烧了卡路里。

我也看到其他人开始改变。有证据显示现在美国节食的女性比往年要少。[1] 我们开始谈论健康而不是体重——至少时不时地会这样做。我们并不相信，却会在口头上承认体形和身高生来就是各不相同的，尤其是当我们想到自己的时候。我认为，我们被半真半假的事实和谬误所迷惑的时候我们是足够聪明的，明白还有体重和健康方面的、新陈代谢方面的，比如"卡路里的摄入与消耗"并不总会有效等许多未

1　据 NPR 新闻报道《苗条不代表全部：调查发现越来越少的美国女性在节食》（"*Skinny Isn't All That: Survey Finds Fewer American Women Are Dieting*"），2013 年 1 月 7 日播出。

知内容有待揭秘。我们开始把事实与虚构分开，我们每个人决策时考虑的都是什么对我们的健康最有利。

因为与你在媒体上听到的相反，体重和健康之间的关系既不简单也不直接。它非常复杂，和人体本身一样多维、复杂和精巧。我们会自动地把"胖"和不健康混为一谈，并称赞苗条是健康的典范。但事实上，这从来都不是全部的事实，甚至不是大部分的事实。人们的体形与身高自然会在一定的范围之内，我们或个高或个矮、或瘦顾或优美、或健壮或笨拙。我们可能会对医生所说的还不错的体重值感到沮丧，会对一个被社会谴责的体重值感到舒服。我们可能或积极或消极地关顾自己。也就是说，没有一个放之四海而皆准的方法。我们每个人都有自己身体和情感上的状况，这些与我们所背负的所有社会和文化传统一起，塑造着我们的经历和反应。

我还是偶尔会有这样一些时刻：当我看到镜子里的自己时会感到一丝恐慌；当我发现自己在想我不能吃更多的面包了！或糖！或脂肪！幸运的是，我已经学会了对内心活动进行梳理和重新定向，这些内心活动有时仍在我的脑海中不断循环，恶毒地评论我的大腿、腰、下巴和胃口。

我知道我不是唯一一个受够了这种困扰的人，厌倦了看到自己的生活周复一周、年复一年地在自我厌恶和自我否定的阴沟里打转。在过去的十年里，我采访了数百名女性，了解她们对自己身体的感受。我带着一种深切的悲伤逃离了这些对话，我对这种身体痴迷所造成的真正痛苦以及这种痛苦的绵绵不息而感到深深的悲哀。最终我快疯了。我疯到花了数年时间沉浸在研究中，我不必相信我读到的所有东西，这样我就可以自己来理解事实；疯到与许多研究肥胖和饮食失调的科学家交谈，问他们一些棘手的问题，并且了解到足够多的背景知识来解释他们的答案。

我在这一过程中学到的东西是令人震惊的、深受启发的、令人愤怒的和赋权性的。它永远地改变了我对自己和他人的看法，改变了我对体重、健康和食物的看法。毫无疑问，我们需要一种不同的对话，一种植根于科学、证据和现实的对话，而不是责备和幻想，植根于我们自身经验与他人经验的对话。我希望本书能帮助我们朝此新的方向迈进。

当我以此主题发表演讲时，听众们通常会报以怀疑的态度——起初是这样的。我们以理性视角和感性经验对体重和体形的认知已经根深蒂固，并且被所见所闻不断强化。认知范式的转变会令人感到害怕，不同的价值认知是需要时间来磨合的，我们中的大部分人非常注重以我们一贯的视角来看世界。

你即将读到的一些内容可能会让你感到震惊。但我相信我们每个人都应该听到整个故事。我鼓励大家保持开放的心态，并最终得出自己的论断。

关于研究的几点说明

你将要阅读的大部分内容来自或基于科学研究和文献研究。我不是一个训练有素的科学家或统计学家，但多年来我对研究方法和结果有了基本的了解。我还咨询了许多在科学和统计学方面受过训练的专家，以此来帮助我理解和检查我通过阅读所得出的结论。对书中所出现的任何错误都由我一人来承担责任。

在写这本书的过程中，我了解到研究的力量和其局限性。对于已经发表的研究报告因其通过了发表审查，我们这些没有科学背景的人一般倾向于接受它们。那么，当我们面对均由经验丰富的专家开展却得出完全相反结论的两个研究时，我们应该怎么办呢？在它们之间我们该如何抉择，如何以对我们的生活产生意义的方式来对之加以阐释？

这是此书致力于去解决的其中一个问题——对如何分辨那些关于体重、健康、健身和长寿的令人困惑的研究结论提供指导。例如，方法论——研究人员如何组织研究、如何分析数据的方法——能够戏剧性地改变研究的结果，无论好坏。因此，理解方法论是批判性思考某项研究的一个重要部分（尽管不是很性感）。

利益冲突也会而且确实可以影响研究结论，无论是明目张胆的还是无形的，尽管研究人员会快速否认这一点。正如我所了解到的，更微妙的、幕后的利益冲突往往对研究产生最深刻、最持久的影响。我希望读者在了解了这种机制是如何运作之后能够自行做出决断。

最后，有很多事情我们还不知道。一些关于体重的矛盾的发现反映了我们对高度复杂的身体系统和运作机制还不完全理解。但在新闻标题和各种套话中没有很好地展现这种复杂性。关于体重和健康研究之间所存在的细微差别经常在修辞中消失。

我开始相信，理解与这个或任何其他与健康相关的话题的研究的关键，在于批判性地思考并且愿意质疑一切。任何一项研究都不太可能突然给我们一个确定的答案。知识的积累在某种程度上是通过对科学发现的复证来实现的。所以，请坚持你的怀疑，把研究当作一个重要的因素而不是这个旅程中的全部内容。

目 录 CONTENTS

第一章

关于体重和健康的四大肥胖谎言 / 1

"许多核心理念包括科学的体重和健康，以及锻炼和节食减肥所起的调节作用，
都被简单地断定为真实。"

第二章

太棒了！十七天！平腹！谷物大脑！减肥达人！生食！节食 / 30

由长期节食焦虑所换取来的健康，并不比冗长乏味的疾病好。

第三章

好食物，坏食物 / 63

"关于营养的错误信息大量传播，尤其是那些从中能够获利的人更乐于此道。这
样的错误信息是压倒性的。"

第四章

金钱、动机和医疗器械 / 91

"当一个人的报酬取决于他并不知情时，很难让这个人去知晓这件事的内情。"

第五章

美丽的真相 / 120

"如果明天女性一觉醒来后发自内心地喜欢自己的身体，想想看该有多少行业会
倒闭啊。"

第六章

这全都是你看待它的方式 / 152

"你知道对一个胖女孩说的最刻薄的话是什么吗？""你不胖。"

第七章

现在该做什么？ / 178

告诉我，你打算怎么度过你疯狂而宝贵的一生？

参考文献 / 204

人名及专有名词索引 / 218

致谢 / 232

译后记 / 233

第一章
关于体重和健康的四大肥胖谎言

"许多核心理念包括科学的体重和健康，以及锻炼和节食减肥所起的调节作用，都被简单地断定为真实。"

——迈克尔·加尔 (Michael Gard) 和简·赖特 (Jan Wright)，《肥胖流行：科学，道德和思想观念》(*The Obesity Epidemic: Science, Morality, and Ideology*)

邻家的几个女人坐在我的后院，我们吃着蛋糕（碰巧我早上做了柠檬罂粟籽蛋糕），喝着冰茶，谈论着我们的生活。我们的话题不可避免地围绕着体重——我们想减去的重量，我们已增的重量，其他女性已经减去或增加的重量，抑或是减去后又增加的重量。也就是说，这是我们典型的聊天场景。

一位邻居提到了一个受欢迎的电视节目里一名女演员因看起来太胖以至于难以走上台的情况。"她简直让我不忍卒睹，"邻居评论道，"我担心她随时可能心脏病发作。她太不健康了。她难道不知道自己这样会死吗？她难道不知道自己这是自取灭亡吗？"

当然，自节目录制以来，这名女演员都没有机会在节目中摔倒。那我的邻居到底何出此言呢？我迟疑了一下，最终意识到她并非真在担心这名女演员的健康状况。她怎么能去担心人家呢，事实上，她对人家的健康状况一无所知。所以她实际上谈论的是女演员的外表而不是她的健康情况。我的邻居认为这名女演员因她的体重而毫无吸引力，但她出于政治正确的压力不能直接说出来。以批评健康的方式来指摘肥胖也是在体面的场合下最能被接受的一种策略。其实，这种策略在某些圈子中几乎是必需的。当健康——或者至少是对健康的看法——已成为一种社会和道德必需时，评判他人的健康状况不仅为他人所接受且为他人所期待。

捷克医生皮特·史克拉巴内克（Petr Skrabanek）在其 1994 年出版的《人文医学之死和强制性健康至上主义的兴起》（*The Death of Humane Medicine and the Rise of Coercive Healthism*）一书中将健康至上主义阐释为一种通过思考人类活动对健康的影响来评估其价值高下的世界观。值得一提的是，这里的重点在于观念而不是现实。我们相信使人们更健康的行为（例如锻炼）里承载了美德：当我们走楼梯而不是乘坐电梯，午餐吃沙拉，（不加调味汁！）在健身房花一个小时挥汗如雨时，我们说我们"很好"。相反使人们不那么健康的行为被认为是不可接受的。当我们吃一块蛋糕或疯狂刷剧《女子监狱》（*Orange Is the New Black*）[1] 时，我们会感到"很糟"。餐馆老板深谙此道，这就是为什么会将甜点命名为"罪恶的芝士蛋糕"或"堕落的巧克力"的原因，此法巧妙地承认并转移关于吃甜点时所可能受到的道德审判。

我们对体重和健康的很多看法来自健康至上主义的假设，从我们认为最重要的真理，即"肥胖是不健康的"算起，这是一个被普遍接受的、涉及面非常宽的、根深蒂固的论调。你很难确切把它解释清楚，

1　《女子监狱》（*Orange Is the New Black*），著名美剧。——译者注

但它又的确无人不知。

在这种文化中很难质疑如此论调，甚至去想象这种论调在哪个地方是行不通的都很难。很久之前我去治疗师那里治疗的时候，我毫无怀疑地认为超重甚至肥胖正如我想的那样是不健康的。在好几年的时间里我都在担心自己的体重会如何影响自身健康，尤其我碰到过一位医生，她让我坐下来并告诉我，如果我是她的姐妹，她会让我立马节食减肥。"如果你不这样做，"她警告说，"你将以患上心脏病、糖尿病、高血压，或三病齐发而告终。"

她不必刻意说服我，我已经相信了。我已经担心我是否正将自己吃进英年早逝的坟墓（正如我祖母经常评论的其他人那样）。每当我吃掉一丝脂肪时，我都在想我的动脉是否被堵塞了——实际上我吃任何东西时都会产生这样的恐怖联想。那天当我从医生办公室回家时，巨大的恐慌让我倒吸了一口凉气，我觉得自己当即已经受到了心脏病发作的威胁。

与此后我从其他人那里听过的一些故事相比，我的治疗师的策略实际上是相当温和的。例如，她并没有要求在我减肥之后才肯为我治疗，或者在我的医疗卡上写上"刺儿头"这样的词汇，或者想要卖给我一盒"快验保"（Medifast）[1] 或慧俪轻体减肥中心（Weight Watchers）的会员卡。但她明确表明了在我成功减肥之前我永远不会健康。（并且她坚持让我服用他汀类药物，这种药物会引起极度的肌肉疼痛，我不得不停止服药。）讽刺（但也是可以预见的）的是，她精心设计的发言产生了与她的预期不符的相反效果。在接下来的几个星期里我感到焦虑混乱，压力过大使我开始暴食，体重也上涨了。

---

1 这家公司的销售人员通过网络出售健康饮食方案，这些销售人员被称为健康教练。——译者注

当我全家摊上大灾时我才开始质疑先前对于减肥这件事我所思考的和所知道的是不是有问题。我十四岁的女儿患上了神经性厌食症，当我静默数小时地坐在女儿 ICU 的病床边，我一生都未曾质疑的公式，肥胖＝糟糕，苗条＝优良，开始变得恐怖扭曲。突然间有一个单薄的东西出现在我的面前，她的胳膊和腿像火柴一样细，她的肋骨清晰可见，她的椎骨瘦得像一个个旋钮。

我对食物的看法也被完全颠覆了。在接下来的几个月里，我成为把控女儿饮食里所含卡路里密度的专家，尽可能一点一点地增加女儿的营养需求。像黄油、坚果和冰激凌等食物，曾长期禁止出现在我的厨房和菜单中，现在却装满了货架和冰箱，每顿饭都放在餐桌显著的位置上。我丈夫和我吃下与女儿食单相同的食物来帮助她摆脱对脂肪的恐惧，为她示范普通人的饮食方式。我知道我不能对我们吃的东西表现出任何矛盾情绪；我的女儿对我所表达出的感受是非常敏感的。因此，我必须吃下她正在吃的东西，不是假装这些食物是普通人所需的，而是要确信它们确实如此。我不会为了自己才确信这一点，但为了她我可以做到。

接下来的一年里，当我的女儿体重增加并且体力恢复时，我也以一种全新的方式来看待困惑了我多年的有关食物和体重的问题。我以前所恐惧的食物现在正在挽救我女儿的生命，也许同时在保护我的小女儿免受同样的疾病之苦。以最古老的方式所增加的每磅体重呈现的不是我们解决了一个什么问题，而是我们战胜了一个劫持了女儿的恶魔。现在，当我看到一个并不瘦的年轻女性时，我第一反应是她很幸运。（不过，很明显，她的这种情况通常会被视为超重或肥胖，她正遭厌食症或其他饮食失调之苦。）现在，当我去杂货店时，我会仔细查看标签，找那些卡路里最高的而不是最低的食物。某天晚上，我和女儿甚至笑了起来，因为我们注意到其他购物者看到我们追求更多卡路里时的惊恐表情。

但也许发生改变的最大动力来自于看到其他人对我女儿的回应。特别是那些中年女性。当我女儿生病的时候，她们在街上看到她，不止一次靠近她，赞美她的美貌，羡慕她的憔悴身形，甚至问这个看起来濒死的十四岁女孩减肥的秘诀。即使那些知道她病得多厉害的朋友，也会充满羡慕地夸她又美又仙。好像他们无法控制自己似的。如果我不是亲眼看到女儿受了那么多苦，知道她病得真有那么重，可能我也会发现她纤瘦的魅力与美丽。

当她体重增加起来以后，那些夸奖的言辞也不再出现了。可在我的眼里，她增加的每一磅都使得她看起来无限美好；她真的在微笑，她的眼睛闪闪发亮。显然，对于世界上的其他人来说，只有那些肋骨清晰可见、脸颊凹陷、空洞的样子才值得称赞。

我从女儿患厌食症的这件事中学到了很多东西。我了解了饥饿和食欲的神经生物学，以及生理机能如何影响我们对食物和进食的"选择"。患有厌食症的人基本上有饮食失调、焦虑或两者兼有的家族病史。他们具有某些共性的人格特质，比如此生难改的完美主义。事实上，我了解到，自己与食物的斗争和我女儿的疾病都可能源于我们共同的遗传和我们的大脑构成的方式，而不是来自我们任何一个人说过、做过或经历过的事情。

最值得一提的是，我领略到我们的文化对瘦弱的偏好是多么普遍且根深蒂固。当然，我们都深知这一点。我们阅读的数不清的杂志故事里、大学课程里以及与朋友和家人的所想所谈里都印证了这一点。

然而，除非你在某种程度上亲自体验过它，否则很难看穿它是如何自动地对人们施加了影响的。

举个例子。一个我最好的朋友又高又瘦，她从不担心自己的体重。人到中年，她逐渐增加了约30磅。去年她减肥了，并不是因为她准备减肥，而是为了健康她改变了原有的饮食方式。她被突然出现的评论数量和类型震惊了。"我开始觉得我的样子对其他人来说至关重要，"她告诉我，"然后让我不舒服的是，我们的谈话中本不该关注身材这个问题的。"多年来她一直在听我思考和谈论关注身材这个议题，但是当她自己经历时才让她明白了这种对体重的痴迷是多么普遍和多么具有破坏性。"老实说，直到那一刻之前，我有时还会潜意识地以我母亲的那种想法去看待自己和他人，即超重意味着'没有自我控制'。"她说，"但现在我不认为它是正确的了。"我对自己的体重感觉良好的很大一部分原因与我的健康相关。以这个体重处在这个年龄段上，我能保持健康吗？根据体重指数（BMI）来测量的话我属于轻微肥胖，这件事一直困扰着我。当然"每个人都知道"你不能既肥胖又健康。

但健康究竟意味着什么呢？这是一个模糊的概念，一个笼统且含混的词，它其实毫无意义。健康是否简单意味着没有疾病？这看似并不正确；我们谈论健康时总是正面的，不能有一点负面的内容。健康是一种感觉良好、精力充沛、快乐的状态吗？它是一种生理状态的描述，还是也包括精神和情绪的健康？

以上这些问题我一个都回答不了。从世界卫生组织开始，尽管很多人努力找出答案，但世界各地的专家对这些难题仍是众说纷纭。1948年，世界卫生组织发表声明，将健康定义为"不仅是指没有疾病或虚弱，也指具有完备的身体、精神和社会福祉。"这种表述更理想化而非现实化：按照这个标准，我不知道谁能满足如此"健康标准"。

其他专家试图改进这一定义。现已退休的英国医学博士阿利斯泰尔·图卢克（Alistair Tulloch）2005 年在《英国全科医学杂志》（*The British Journal of General Practice*）中的一篇文章中谈到了这个问题，他指出，鉴于我们生活在一个充满意外、感染、疾病、贫困、恶劣工作条件和许多其他恶意的世界上，在这样一个不友好的环境中，健康是衡量我们能否适应和正常生活下去的一种能力。这是一个有趣的想法，但它同样模糊且使健康一词备受折磨：谁来定义"正常"生活下去到底指什么？怎么才称得上是"成功适应"？

图卢克正在努力解释这个概念时，瑞士药理学教授约翰内斯·比尔彻（Johannes Bircher）也尝试以这样的描述来解答这个问题："健康是以身心健康和以满足与我们年龄、文化和个人责任感相称的生活要求为特征的充满活力的幸福状态。"

这个定义涵盖了很多要素，和世界卫生组织的定义一样，真的含纳了太多要素了。它并没有给我们提供一个更接近通用词汇的定义，也没有谈到差异性的问题，对我来说健康的事可能不适合你，因为我们不仅有不同的身心需求，还有不同的期望。比如，自十岁以来我一直在努力与慢性焦虑症抗争。感谢运动、冥想和改善生活的化学药剂，我的症状有所缓解。也许不如没有焦虑症的人，但我感到比自己二十多岁时好多了。这意味着我精神上不健康吗？

我不在乎到底该如何定义，我不需要为自己的心理健康程度贴上标签。但是对我，对你，以及对每个人来说，当打开一本杂志或一个网站并看到标题"你真的能够在胖的同时保持健康吗"时，定义确实很重要。因为答案取决于我们如何被"健康"所定义着。我们谈论的是医疗健康吗，还是心理健康、心脏健康，抑或是营养健康？

通常能主导谈话的医学定义倾向于关注可测量的特征，如胆固醇或葡萄糖水平。取决于年龄、性别、遗传基因和其他因素的差异，这个人健康理想范围可能对其他人来说是偏高或偏低的。即使是医疗健康也是一个不断变化的目标，无论何时都难以达成共识。

但是，回到杂志或网站，当我们读到一个询问我们是否既超重同时又保持健康的标题时，我们自然而然感到恐惧。我们大多数人都不能解析健康的字面含义，我们担心自己的健康和体重。然而我们不断得到的信息是，我们不健康（无论它意味着什么），并且是超重或肥胖的。

那么我们是否真正了解健康与体重之间的关系呢？为了搞清楚这个问题，在过去五年中我和数百名专家交谈并查阅了上千项研究，我将自己沉浸其中。（有很多类似这样的例子：不少研究人员告诉我，现在获得研究资助的最简单方法是在提案中加入"肥胖"这个词，最好提到"儿童期肥胖"。）我发现，我们曾经所想所知的东西大部分都不是真的，或者与我们所想的并不一致。以下便从这四个经常被谈起的关于体重和健康的"真相"开始审视。

1. 美国人越来越胖 ——按这个速度，到 2030 年肥胖患者人数将过半！[1]

我们使用体重指数或 BMI（身高与体重的比率）来衡量超重和肥胖。医生和科学家偏爱 BMI，因为它既方便又无创；瞧，插上电源你的测量值就在那里啦！这是一种易于量化的刻画、比较和对照的方法。BMI 的问题在于它不能精确测量或预测健康，尤其对那些比普通人矮

1　根据"肥胖状况：为更健康的美国制定更好的政策"，美国健康信托基金会的预测，www.healthyamericans.org / report /115 /。

成人体重指数（BMI）图表

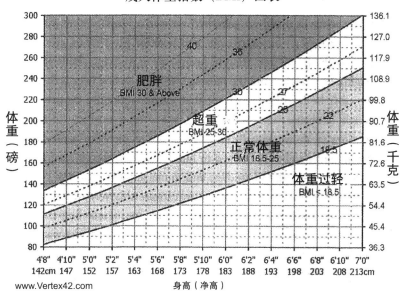

注：来源于 Vertex42.com 的体重指数图表，经许可引用。

或肌肉更发达的人而言。它无法计量体内肌肉或脂肪，或者人的骨骼的情况（即重量）。它无法预测一个人未来潜在的疾病或死亡风险，它本来也没打算有这个功能。其创始人，比利时数学家阿道夫·凯特勒（Adolphe Quetelet）在 19 世纪 30 年代使用 BMI 是为了看人口趋势而不是关注于某一个人的情况。但是在 20 世纪 70 年代后期，凯特勒本无意的事却被研究人员用于标记个体的体重和健康状况。从那时起，这种做法成为医疗模式的标配。

　　根据 BMI 指数量表，疾病控制和预防中心（CDC）的最新报告将 34% 的成年美国人分类为超重，另外 35% 为肥胖，大约 2% 的成年人被认为体重不足，其余属于"正常"类别。

自二十世纪中叶以来，超重和肥胖的美国人的数量明显上升[1]，在1980—2000 年的涨幅最大。第一位注意到这一改变的研究人员是凯瑟琳·弗莱加尔（Katherine Flegal），她是马里兰州海兹维尔的疾病控制中心旗下国家卫生中心的流行病学家，该中心统计了从生育率到死亡率的所有数据。弗莱加尔在加利福尼亚州伯克利长大，她的头发又短又直，这让她看上去至少年轻了十岁，一点不像七十岁的人。她致力于分析各类医疗数据。据她的研究发现，在1960—1991 年，超重的美国人比例从25%上升到33%。

然而，很难精确地将这些数据与今天相比，因为当时的一些界定标准现在已经发生了遽变。在 1998 年之前，BMI 量表只有三个权重类别：图表中低于 18.5 为"体重不足"，覆盖了 2% 的美国人口；图表数值从 18.5 到 27.3 为"正常"（男性的临界值更高），覆盖了 40% 的美国人口；超过 27.3（男性为 27.8）的为"超重"，覆盖了 58% 的美国人口。自 1998 年起那些临界值被修订为现在的数值，并增加了一个"肥胖"类别。因此，比对 1998 年之前与之后的 BMI 统计数据，就像比较前类固醇时代的本垒打记录与兴奋剂时代的记录一样荒谬。换句话说，这种或多或少的比较毫无意义。

不过，我们确实从中了解到一些事实。事实上，美国人的平均体重（增加了约 20 磅）和身高（增加了约一英寸）都比 1960 年有所增加。尽管有诸多可怕的预测，但超重和肥胖的比例在 2000 年左右已有所下降。我们实际上并没有变得更重，我们整体上的体重几乎已经趋于稳定。

1　欧洲人在同一时期也变得更重。据世界卫生组织统计，30% 至 70% 的欧洲成年人超重（这真是一个相当大的范围），10% 至 30% 的人肥胖。详细信息，请参阅 www.euro.who.int/en/ health-topics / noncommunicable-diseases / obesity / data-and-statistics。

　　为什么我们的体重会增加？专家们对此众说纷纭，在这些差异性的理论中我认为有三大原因首当其冲：吃得太多、饮食不健康、运动量太少。对于每个人、不仅仅是那些超重非常多的人而言，这些理论陈述中或多或少可能都有些道理。但是其他因素也对体重的增加起到了作用：我们许多人比以前更穷，贫困与你的体重和患有某些疾病（如 2 型糖尿病）[1]的可能性密切相关。随着化学污染物的不断增加，研究人员发现肥胖水平和糖尿病水平与暴露于这些污染物下之间存在更多、更明确的联系。罪魁祸首是所谓的持久性有机污染物——农药、多氯联苯、内分泌干扰剂（EDCs），如双酚 A（也称为 BPA）和其他化合物，这些化合物累积于我们的食物、饮用水和身体中。[2] 例如，2011 年加利福尼亚大学尔湾分校研究人员的一项研究发现，EDCs 在塑料、罐头食品、农业杀菌剂和其他地方大量存在，早期暴露于 EDCs 下会使得老鼠变胖。[3] 另外，许多研究证实了糖尿病的流行与我

1　B.查克斯等：《食品环境和社会经济地位影响了西雅图和巴黎的肥胖率》，发表于《国际肥胖》，2014 年第 38 期，第 306—314 页。苏珊·艾佛森等：《关于社会经济地位与抑郁、肥胖和糖尿病之间关系的流行病学证据》，发表于《身心研究》，2002 年第 53 期，第 891—895 页。金达·克里希南等：《社会经济地位和 2 型糖尿病的发病率：非洲裔妇女健康研究的结果》，发表于《美国流行病学》，2010 年第 171 期，第 564—570 页。杰西卡·罗宾斯等：《社会经济地位和糖尿病发病率的诊断》，发表于《糖尿病研究与临床实践》，2005 年第 68 期，第 230—236 页。唐梅：《社会经济地位与自我报告的糖尿病之间的性别相关差异》，发表于《国际流行病学》，2003 年第 32 期，第 381—385 页。蒂莫斯·李等：《社会经济地位与 2 型糖尿病：妇女健康研究的数据》，发表于《公共科学图书馆·综合》，2011 年。

2　Duk-Hee 李等：《持久性有机污染物的血清浓度与糖尿病之间的强剂量反应关系》，发表于《心血管与代谢风险》，2006 年第 29 期，第 1638—1644 页。J. S. 李沐等：《长期体重变化与持久性有机污染物血清浓度的反向关联》，发表于《国际肥胖》，2011 年第 35 期，第 744—747 页。此外，健康与环境的糖尿病与肥胖症工作组合作组织的国家协调员萨拉·霍华德 (Sarah Howard) 创建了一个网站，探索糖尿病与持久性有机污染物之间的联系，见于网址 www.diabetesandenvironment.org.

3　布鲁斯·布隆伯格和阿曼达·贾尼斯：《内分泌干扰物、脂肪生成的发展机制与肥胖》，发表于《出生缺陷研究》，2011 年第 93 期 C 部分，第 34—50 页。

们暴露于持久性有机污染物下和 EDCs 难逃干系。[1]

2011 年的报告显示 [2]，约有五分之一的美国人服用精神药物，其中女性超过四分之一。像治疗焦虑、抑郁、双相情感障碍、人格障碍、精神病和其他心理健康的药物，已知的副作用是导致体重增加，特别是在服用一段时间后威力更大。[3] 我自己就是过来人。因为焦虑我服用了 SSRI 类抗抑郁药，三年后我体重增加了四十磅。当我停药时，体重在一个月内掉了 25 磅，剩余增加的重量也很快就减掉了。出于很多原因，继续服药是一项艰难的决定，体重增加就是其中之一。我记得自己考虑过"变胖还是发疯，哪个更糟糕"，后来我选择再次服药。这次我体重没有增加那么多，但我仍然胖了一些。我猜我只要服用SSRIs 类药物，增加的那些体重就会常伴我的余生。

一些营养专家认为 20 世纪 80 年代的"低脂潮"对体重增加的抑制也有所贡献。几年前纽约大学营养与食品研究教授马里恩·奈斯德（Marion Nestle）告诉《前线》（*Frontline*），减少食物中的脂肪会导致许多美国人摄入更多的碳水化合物，从而引发体重增加 [4]（详见本书第三章）。新研究表明，我们长期喜欢人工甜味剂，如阿斯巴甜、糖精和三氯蔗糖，通过干扰肠道中的"好"细菌来改变我们的新陈代谢，导致体重增加。[5]

1　E.L. 德里克等：《接触持久性有机污染物：与异常的葡萄糖代谢与内脏脂肪的关系》，发表于《糖尿病护理》，2014 年第 37 期，第 1951—1958 页。

2　《美国精神状态报告》（*America's State of Mind Report*），2011 年，http://apps.who.int/medicinedocs/documents/s19032en/s19032en.pdf.

3　阿莫什·什里瓦斯塔瓦：《精神治疗中的体重增加：风险、影响和预防管理战略》，发表于《犯罪萨那专著》，2010 年第 8 期，第 53—68 页。

4　马里恩·奈斯德：《节食战争》，《前线》，首次播出于 2004 年 4 月 8 日。

5　约坦·苏伊士等：《人工甜味剂通过改变肠道微生物群来诱导葡萄糖耐受不良》，发表于《自然》2014 年秋季号 514 期，第 181—186 页。

无论原因是什么，我们平均体重的增加已经转化为一些人会微微发胖和一些人会急速发胖的状况。"大约20%的人口比以前重得多，但大多数人并没有比之前更重"，旧金山城市学院营养学教授和研究员琳达·培根（Linda Bacon）解释道。她认为，对于体重显著增加的那些人而言由于外界因素的刺激体重一开始难免会增加，但我们并不必然注定会患上肥胖症。

人类不是唯一更重的物种，动物也有体重之虞。与人类相关的饮食和运动水平的变化可能是它们发胖的一部分原因，特别是宠物和动物园中的动物也可由此推断发胖的原因。但这两个因素不能解释那些饮食和活动水平受到密切监测和记录的实验室动物体重为何变化。实验室动物增长的体重不能归咎于暴饮暴食、久坐不动的生活方式，或与人类有关的任何其他常见原因。2010年发表在《英国皇家学会学报》（*Proceedings of the Royal Society*）上的一项研究认为一系列不同的因素共同发挥了潜在的影响，包括环境毒素、病毒和我们尚待揭秘的后天因素。

2. 肥胖可能需要十年或更长时间才能远离你的生活。

在追踪了超重和肥胖的流行问题之后，流行病学家凯瑟琳·弗莱加尔（Katherine Flegal）开始思考她的发现对美国人的健康意味着什么。是否有越来越多的人因为体重过重而早逝？为了回答这个疑问，她和同事着手绘制出BMI与死亡率之间的关系图谱。他们希望找到一个线性关系：一个人的BMI越高，他或她早逝的风险就越大。

但他们发现事实并非如此。相反，弗莱加尔和她的同事发现BMI和死亡率之间的关系就像统计学家所谓的"U形曲线"，在BMI指数上数值 25 到 26 左右为曲线底部，死亡风险最低，然而这群人却被认为"超重"。被认为"轻度肥胖"的人与"体重正常"的人死亡风险大致相同。那些"体重不足"和"严重肥胖"的人死亡率上升了，但也不是上升得很多。

"我们所谈论的整体差异非常小"，弗莱加尔解释道。20 世纪 80 年代担任美国国家衰老研究所所长的研究员鲁宾·安德烈斯（Reubin Andres），曾提出类似的 U 形曲线，尽管他的理论中体重与年龄的关系更紧密：你越老，变重的风险就越小。

弗莱加尔的研究成果刚发表在《美国医学会杂志》(*Journal of the American Medical Association*) 上，便一石激起了千层浪。其他研究人员声称她遗漏了重要数据，研究粗制滥造，研究结果不可能准确无误。伊利诺伊大学芝加哥分校流行病学教授 S.杰伊·奥利尚斯基（S.Jay Olshansky）在一篇期刊文章里驳斥称，肥胖率的上升会使寿命缩短二至五年。

这个统计数据受到了很多关注，并确立了一种理论，通过无数媒体长篇累牍的大肆报道，我们知道了历史上第一次出现了一代孩子其寿命将比他们的父母短的这种情况。这种危言耸听于今仍有余响，尽管它已经被彻底证伪了。作为奥利尚斯基的合作作者之一，阿拉巴马大学伯明翰分校的生物统计学家大卫·B.阿里森（David B.Allison）告诉《科学美国人》(*Scientific American*) 的一位记者："这些只是粗略计算和给出的一些似是而非的方案，我们从未打算给出精确的研究内容。"

在对肥胖的研究中，这种为了目的不择手段、蒙蔽真相的做法比比皆是。例如去年，全国肥胖论坛，一个代表了一长串制药公司利益的有影响力的英国游说团体，承认在其最新报告中撒了谎。作者曾警告说，英国的肥胖症仍在继续上升，早期预测到 2050 年一半人口会肥胖的结果"已是乐观的，事实上到 2050 年极有可能会超过"。[1] 实际上，英国的肥胖率与美国一样，已经有所缓和或略有下降。该团体故意歪曲事实"以传播到更广泛的公众"，发言人谭·弗莱（Tam Fry）承认。[2]

像这样基于观点和明确议程而非事实的报告，引发了围绕体重问题而展开的更多充满敌意和混乱的公共对话。你都不知道这些声音是从哪儿来的。我的意思是，当我们听到额外增加一点重量（或者比一点稍多一点）对你来说并不算事儿的时候，或者在某些情况下这种增重对你是有好处的时候，不是该感到开心吗？

鉴于持续的批评之声，凯瑟琳·弗莱加尔决定一劳永逸地厘清体重和死亡率之间的关系。她和她的同事们花费几年时间精心收集她们能找到的提供有关体重和死亡率数据的每项研究，总共有 97 项。她们汇总了数据，将每个可能被发现失实的内容各个击破，进行了数据的配置，并在 2013 年年初发布了她们的系统分析成果。这个结果与她们自己早期分析的结果完全相同：超重不会增加一个人早逝的风险，轻度肥胖只是略微增加了一点点早逝的风险而已。

这次弗莱加尔的辛苦论证也未能阻止众声喧哗。英国皇家医学院副院长兼内分泌学家约翰·瓦斯（John Wass）告诉BBC："大量证据推翻了这一研究，很多其他研究指向了与此结论相反的方向。"但他没

1　全国肥胖论坛：《英国的腰围肥胖状况：分析与预期》，2014 年。

2　迈克尔·斯通：《我们夸大了肥胖危机：压力集团》，参见 Foodmanufacture.co.uk，2014 年 1 月 20 日。

有给出实证阐释。之前提到的英国国家肥胖论坛发言人谭·弗莱评论说："这是一个可怕的消息。我们不应该理所当然地认为可以取消健身运动，也不能用黑森林蛋糕使自己饕餮至死。"

当然，这不是弗莱加尔的系统分析结论中的内容，她的报告只是简单绘制出一种相关性，给出了 BMI 与早逝风险之间的关联。它没有具体解释这些相关性，也没有阐释为什么这些发现可能是正确的。事实上，弗莱加尔痛苦地指出她从不提倡某一政策或发出相关"信息"：她只做了计算和呈现数据的活儿。

无论如何，在以蛋糕充饥和忍饥挨饿之间肯定有一些中间地带？2500 年前亚里士多德（Aristotle）就曾写下"万事寻求节制"的名言。这句话历经时光的考验。妖魔化蛋糕、糖、脂肪或碳水化合物，通常导致我们在自我剥夺（糖是邪恶的，必须避免）和暴饮暴食之间反弹。（我既然已经吃了一点点蛋糕，那不妨吃掉整个吧！）

弗莱加尔最大的批评者之一是哈佛大学的科学家和营养学家沃尔特·威利特（Walter Willett）。在 2013 年弗莱加尔的系统分析出来以后，威利特告诉国家公共广播电台，"这项研究实际上是一堆垃圾，没有人应该浪费时间去阅读它"。

一个月后，他在哈佛大学组织了一次专题讨论会，攻击弗莱加尔的研究是这次会议唯一的主题。他的主要批评之一是弗莱加尔的团队没有解释吸烟带来的混杂影响。由于吸烟的人往往比不吸烟者更瘦、更早逝，研究人员在统计上必须考虑到这些影响，应该分别纳入和排除吸烟者并对数据加以分析。弗莱加尔解释说她考虑到了这一点并发现数字几乎相同。大多数样本与早逝相关的相对风险都非常接近，这意味着每个对照组（这里指吸烟者和不吸烟者）都得出了相同的特定结论。

但是如果你能将统计数据玩弄于股掌，你也可以让数据得出任何你想要得出的结论。当我要求威利特解释他对弗莱加尔研究结论的批评时，他却拒绝发表评论，而是转而谈及他 2010 年的一项研究，该研究发现死亡风险在"正常"BMI 患者中最低。事实证明，这项研究数据中不仅删除了有吸烟史的人，也删除了任何有癌症或心脏病史的人，最终排除了数据中近 80% 的死亡概率。这无疑解释了为什么威利特的发现与凯瑟琳·弗莱加尔不同。

经济学教授查尔斯·惠兰（Charles Whelan）在他的名著《赤裸裸的统计学》（*Naked Statistics*）中解释了为何马克·吐温（Mark Twain）会做出这样的评论——"有三种谎言：谎言，糟糕透顶的谎言和统计学。"虽然统计学植根于数学，同时数学是一门精确的科学，但统计学通常用于描述复杂的多维现象，而这些现象是可以从各种角度来加以阐述的。

换句话说，大多数人都认为统计学是黑白分明的、非此即彼的。要么变胖会缩短你的寿命，要么不是如此。但是生活并非如此，统计学也不是。它通常描述了共存的真理，我们可能会想到的这个陈述和那个陈述都可以共存。在这种情况下，超重与较长的寿命相关，严重肥胖与较短的寿命相关，并且它们之间的相对差异很小。

对于这些"真相"你可以通过多种方式来破解。例如，你可以说肥胖会带走一个人的生命。广义上说，这个表述中可能存在某些事实，但它没有表达的是：（a）只有严重的肥胖与短寿相关；（b）超重与较长的寿命相关；（c）肥胖对死亡率预测的影响总体上较低；（d）所有这些关系只是相关性，体重和死亡率之间没有确定的因果关系。因此，如果真要发生的话，即使是严重的肥胖（通常被称为"病态"的肥胖症）增加一个人早逝的机会也是极其轻微的。

最后一个事实是风险因素的函数，我们经常听说却一直对其一知半解。澳大利亚教授迈克尔·加尔（Michael Gard）和简·赖特（Jan Wright）在其 2005 年出版的《肥胖流行症：科学，道德和意识形态》（*The Obesity Epidemic: Science, Morality, and Ideology*）一书中解释说，风险比例需要很大才能表明疾病与特定变量之间存在密切联系。他们举了一例：中年男性吸烟者与不吸烟者相比，肺癌的风险比为 9 到 10，这意味着吸烟者死于肺癌的速度比非吸烟者高 9 或 10 倍。因此吸烟被认为是肺癌的重要危险因素。相比之下，超重或肥胖人群患心脏病的风险比在 1.1 和 2 之间，这意味着他们患心脏病的风险与"正常"BMI 患者的风险相同或只是略高。

当医生只注意到超重时
雷 (Ray) 的女儿帕蒂 (Pattie)，五十七岁，
在拉斯维加斯的一所大学教授社会学，
她在雷死后分享了这个故事。

我的父亲是一名机械师。他是个体力劳动者，并且他是个小个子。当他六十六岁退休后，体重开始迅速增加。他吃任何东西都会感到很饱，并常常气喘吁吁。他告诉医生他没有进食但仍继续发胖时，医生丝毫不相信他。医生告诉他："这是节食菜单，三个月后再回来复诊。"

最后我父亲进了医院，他们从他的腹腔抽出二十七磅腹水。原来他患有皮肤血色素沉着症，他的肝脏不能很好地代谢铁元素。这本是一个简单的血液检查诊断，一旦医生找到病因，他们便可

以治疗它，父亲便可以长寿。

　　但是因为在被诊断或治疗之前延误了一年，我的父亲在被确诊为肝病后的十八个月后去世了。我觉得他死于医疗事故，但我无法证明当他身上有二十七磅腹水的时候他确实没有吃得过饱。我甚至无法让律师接受此案。我们的社会非常确信健康与卡路里的摄入和消耗有关。健康与体重之间的关系实际上是如此复杂，但我们试图让它变得简单，这种做法伤害了许多人。

　　加尔和赖特也指出，我们正在步入一个迷恋风险的社会，并且幻想我们拥有无限的权力以来控制风险。他们写道："这些理念的基本原理是，通过将之命名为可以管理的风险，便可以减少该风险的不确定性；通过弄清楚因果关系，人们就可以合理地采取行动来避免它。"如果这是真的，我们都将长命百岁，或者至少寿命能延长很多。

　　因为统计学描述的变量关系通常是不能被准确简化为单一陈述的，查尔斯·惠兰写道，"因此它有足够的余地来掩盖真相。"不管善意与否，研究人员使用完全相同的数据却可产出完全不同的结论。这就是为什么阅读关于体重和健康的研究就如同观赏 M.C. 埃舍尔[1]（M. C. Escher）画作，墙壁变成天花板，水流向上和四处流动，无论你走哪条路，你都会在同一个迷宫里晕头转向地循环往复。

　　与此同时，大多数研究人员选择接受凯瑟琳·弗莱加尔的研究结果，即超重和轻度肥胖不会增加早逝的风险，而体重不足和严重肥胖会增加轻微风险。对大多数人来说，体重与死亡率是弱相关的关系。

1　M.C. 埃舍尔：荷兰版画家，因其绘画中的数学性而闻名，其作品中可以看到分形、对称、密铺平面、双曲几何和多面体等数学概念的形象表达。——译者注

3. 肥胖会导致心脏病、中风、2 型糖尿病和其他严重疾病。

研究体重和健康关系的一大挑战是如何区分相关性和因果性，在谈及很多事件和变量时这两者都会有所涉及。相关性本质上是指一种联系：这件事发生了，那件事也发生了，两件事件之间可能是不相干的。比如你姐姐结婚和你找到一份新工作；或者一个可能导致另一个的发生，比如你生了一个孩子，你的健康保险费上涨了；或者第三个变量可能会影响其余两个：牙黄的人更容易患上肺癌，因为两者都与吸烟相关。

因果性是指原因和结果的关系，通过这个概念的字面意思就可知道。例如月球引力引起海洋潮汐，没有月球的力量，潮汐就应当不会涨落。众所周知在医学中因果性是很难得到验证的，因为有太多变量会影响人的健康状况，但其中一些关系至今仍被认为是因果关系，比如吸烟会导致肺癌。这并不意味着每个吸烟的人都会患肺癌，或只有吸烟的人会患肺癌。这只意味着在一定比例的人群中，吸烟会导致肺癌。

当我们谈论体重和健康时，大多数情况下我们谈论的是风险因素，这些因素会增加对特定疾病或状况的易感性。所有风险因素的触发都是不等量的，尽管我们谈到这些因素的时候它们好像是等量的。比如牙黄和吸烟都是肺癌的危险因素，但明显吸烟的风险比牙黄高得多，毕竟后者可能由各种各样的原因造成。因此，我们要注意不要将风险因素与原因混为一谈，除非像吸烟和肺癌一样，它们确实会导致疾病。

关于健康的一个基本假设是，只要我们所做的一切都正确，我们就会健康。无论听起来多么不合逻辑，但在某种程度上我们似乎相信，如果我们吃得好、运动充足、以各种适当的方式照顾好自己，我们将会永远活着，或者也许能活到 110 岁。但事实是，我们终有一天会出于某种原因而死亡，无论是事故、谋杀、疾病，还是寿终正寝，我们都无法控制它。我们或许认为我们可以，或希望我们可以，但最终我们能做的最好的事情就是尽可能地照顾好自己而已。

正如迈克尔·加尔和简·赖特所指出的，相信"人定胜天"是人的天性。我们想要相信对任何事情我们都"一切尽在掌握"。"我是我命运的主宰，我是我灵魂的统帅"，维多利亚时代的诗人威廉·埃内斯特·亨利（William Ernest Henley）于 1875 年就如此写道。[1]

我在杂货店每拿起一包麦圈，我都会直接体验到这一点。麦圈盒子标签上写着"可以降低心脏病风险"，即使我知道这是一种狡猾的表达（"可能降低风险"，而不是"会防止患病"），即使我知道 FDA 已经警告通用磨坊公司（General Mills）需要改掉标签上的措辞，因为它有误导性，但每当一个大黄盒子进入我的购物车时，我仍会感到一阵莫名的温暖。

就体重和健康而言，一大堆风险因素都可能发挥作用，并且几乎没有任何一个风险因素被证明了会导致任何特定的结果。这就是为什么我们通常最终会谈论血压和胆固醇水平等替代指标，这些指标可能与真正的临床结论相关，如心脏病发作和中风，但它们本身并不属于疾病。

那么我们对体重与疾病之间的关系究竟了解多少呢？我们知道肥胖与心脏病、胆囊疾病和 2 型糖尿病以及其他疾病有关，是一个诱发

---

1 威廉·埃内斯特·亨利：《不可征服》，发表于《诗集》，1888 年。

因素。肥胖与 2 型糖尿病之间被证实存在着强相关关系。2014 年的一项研究发现，肥胖但"代谢健康"（即胆固醇和葡萄糖水平正常）的人患糖尿病的可能性是没有肥胖的代谢健康人的四倍。[1] 问题是如何解释这种相关性，因为许多其他因素也与 2 型糖尿病相关。（请随我一起重复：相关性不等于因果性。）

在过去十年中，健康与体重的关系很少被提及，许多疾病的定义和临界值以及风险因素都发生了很大变化。例如，过去当血糖水平达到每分升 140 毫克（mg / dl）时就被确诊为糖尿病，现在临界值是126 毫克 / 分升。治疗建议包括服用他汀类药物和降压类药物。[2] 还出现了新的疾病类别，如"前驱糖尿病"和"高血压前期"。血糖水平高于 100 毫克 / 分升就被认为是"前驱糖尿病"，此病经常被积极地治疗。类似地，当血压达到 140/90 时曾被确诊为高血压，现在血压达到120/80 就算进入了"高血压前期"。不断扩大的疾病类别存在很多争议，但无论它们是否有效和有用，它们都将数百万人划归到"疾病"类别，偏离了体重与健康之间可觉察的医学关系。

弗雷明汉心脏研究[3]（Framingham Heart Study）是最有影响力的心脏病研究之一，这项研究发起于 1948 年，旨在确定心脏病的一些危险诱因并提出预防策略。研究人员对一组住在马萨诸塞州弗雷明汉的约五千名白人中年男性和女性样本进行了监测。在过去的六十多年中，他们对这些男性和女性的生活和健康进行了研究、测量、

1　J.A. 贝尔，M. 基里巴斯，M. 哈默：《代谢健康的肥胖和 2 型糖尿病的风险：对前瞻性群体研究的元分析》，发表于《肥胖评论》，2014 年第 15 卷第 6 期，第 504—515 页。

2　见梅奥诊所网站，www.mayoclinic.org/diseases-conditions/prediabetes/basics/treatment /con-20024420.

3　弗雷明汉心脏研究（Framingham Heart Study）是一项针对美国马萨诸塞州弗雷明汉市居民开展的多代长期随访研究。——译者注

分析和记录。该研究对象现在包括第二代和第三代弗雷明汉的居民，以及原始研究对象的儿孙辈，还有住在弗雷明汉的具有多样化的其他两个组别。

目前关于心脏病的许多看法来自弗雷明汉数据和另外两项正在进行的研究：护士健康研究（Nurses` Health Study），该研究跟踪了来自 11 个州约 12 万名中年女护士；全国健康和营养检查调查（National Health and Nutrition Examination Surveys，简称 NHANES），该研究来自全国各地约五千人的样本。凯瑟琳·弗莱加尔在她的分析中使用的就是 NHANES 数据，该数据被认为是具有代表性的样本。

这三项大型研究以及其他小型的研究均显示，超重 / 肥胖与健康状况（包括心脏病、2 型糖尿病、胆囊疾病、中风、脂肪肝和这些疾病的诱发因素）之间存在不同程度的相关性。尤其是对于年龄小于 55 岁且 BMI 超过 40 的人群而言，BMI 和 2 型糖尿病之间的联系最为紧密。

对于许多研究人员、医生和媒体来说，这就是故事的结局：它们具有相关性。麻烦的是，我们对因果关系仍然知之甚少（如果有的话）。我们也不知道如何处理这种相关性的信息，如何最好地将其应用于改善人类健康。一个潜在的假设是，由于肥胖与某些人患心脏病或糖尿病的风险相关性较高，所有人都应该尝试减肥。但由于各种原因，研究并不支持这一点（详情见第二章），并且该假设并不被看作可能解释这些相关性的因素。

举例来讲，这是一个先有鸡还是先有蛋的问题。我们假设是体重增加后导致糖尿病和其他疾病的。但是，如果像外科医生兼营养研究员彼得·阿提亚（Peter Attia）所说，体重增加实际上是糖尿病的早期症状呢？[1] 或者如果体重增加和 2 型糖尿病都是由未知的第三变量引起的呢？曾写文论述过糖的弊端的小儿内分泌学家罗伯特·卢斯蒂格（Robert Lustig）认为，我们实际上无法确定体重增加或胰岛素阻抗哪个首先出现。"人类行为可以改变生化过程，但生化过程也可以改变人类行为。"他在《儿科学杂志》（*The Journal of Pediatrics*）2008 年的一篇社论中写道。没有人真正知道疾病或体重增加哪个先发生。我们现在得到的是有限的相关性，而不是确信无疑的因果性，但如果你看新闻或与你的医生谈论它时，你不太可能听到这些大实话。

体育活动是很少被考虑进体重健康研究的另一个影响因素，大多数研究人员甚至不询问被研究者是否运动或运动多少。曾被《纽约时报》描述为美国运动健康领域贡献巨大的领军专家之一的史蒂文·布莱尔（Steven Blair）称这是垃圾科学。作为南卡罗来纳大学阿诺德公共卫生学院的运动科学、流行病学和生物统计学教授，布莱尔说："我对这个普遍只关注肥胖却忽视运动的操作机制感到恼火。"

布莱尔七十出头，很像头发更少、态度更强硬的克里斯·克林格（Kris Kringle）。换句话说（或用他自己的话来说），他又矮又胖。他每天跑步一小时，这让他矮胖的身体非常活跃。在 21 世纪初期，布莱尔领导了位于达拉斯的一家非营利性的库珀研究所，这是一个由医学博士肯尼思·库珀（Kenneth Cooper）创立的研究小组，库珀创造了有氧运动（aerobics）这一术语。多年来，布莱尔已经围绕"运动如何有利健康"开展和进行了数百项研究，他的研究使他和其他人相信，不运动是一个比超重或肥胖更大的健康问题。"我们如何成功让久坐不

1　阿提亚在 TED 上的演讲是有挑衅性的和迷人的。见网址 www.ted.com/talks/peter_attia_what_if_we_re_wrong_about_diabetes.

动的人变得活跃积极？"他说，"这一直是我人生中的焦点问题。健身是身体健康的有力指标。"

布莱尔与北卡罗来纳州温斯顿的塞勒姆大学健康教育教授保罗·麦卡利（Paul McAuley）一起合作完成了大部分工作，后者拥有运动生理学博士学位。麦卡利曾在企业打拼一段时间，他为索尼电影公司制订了健身项目计划。癌症流行病学家尤金尼亚·卡勒（Eugenia Calle）发表了一项研究报告，当研究人员谈论肥胖与早逝的关联时此报告常被引用。此报告发表之后的几年，麦卡利又回到学术界。[1] 这里的关键词是"有联系的"（linked）：卡勒的研究表明，较高的 BMI 数值与早逝之间存在相关性，但它没有也无法通过定义来显示因果性。

保罗·麦卡利看到了卡勒系统分析的两个大问题。"他们未能在统计过程中加入一个主要的已知干扰变量——健身，"他说，"这样的研究是无效的。"鉴于健康、疾病和死亡率之间的紧密联系（"你可能很胖但很健康"的概念），遗漏体育活动这一变量无可挽回地混淆了这些研究发现。麦卡利指出，在卡勒的分析中，更高的 BMI 并没有预示出非洲裔美国人的早逝。（大多数关于体重和健康的研究仅在白人群体中进行。）因此，无论体重和死亡率之间的关系如何，它显然比脂肪 = 死亡复杂得多。

1999 年，史蒂文·布莱尔发表的研究显示，不锻炼与糖尿病、肥胖和其他基于体重的风险因素一样，或多或少都是诱发心脏病和死亡的危险因素。从那时起，史蒂文·布莱尔和其他人认为"健身 +

1　尤金尼亚·卡勒：《未来美国成年人的身体质量指数与死亡率》，发表于《新英格兰医学》，1999 年第 341 期，第 1097—1105 页。

肥胖"比"不健身＋瘦弱"更健康，而沃尔特·威利特和其他研究人员仍然坚称健身状况和新陈代谢状态不可能弥补肥胖带来的负面影响。

没有胖子运动员

丽芙 (Liv)，39 岁，俄勒冈州波特兰市的一名社会工作者

我从一个胖婴儿、胖孩子、胖青年，长成了一个胖成人。如何应对健康保健系统对我而言一直是一项挑战。如果我感冒去看医生，他就会告诉我"你需要减肥"。就算我只是耳朵感染，诊断结果依然会是"你需要减肥"。

我身高五尺七，体重 350 磅。我参加激烈的成人足球联赛并享受其中。然而，几年前的夏天，我的膝盖受伤了，当我进医院时，实习护士对我说："你重 350 磅，你的身体难承其重啊。"我告诉她我每周有四次骑自行车上班，每次往返八英里，游泳、做瑜伽，我的身体很自在。她说："那就只做冰敷，将腿抬高，布洛芬。"

最终，在受伤十二周后，他们确诊我为半月板撕裂。这位骨科医生表示他们不会为我做手术，即使这是修复它的唯一方法，他们只对孩子和积极做运动的人做手术。我说："我撕裂是因为我踢球。"我告诉她我有多积极地运动。她说："我们只为运动员做手术。"所以现在我不能踢球了，错失了整个赛季，同时我也看不到再打比赛的希望。这感觉就像我的膝盖骨从我的小腿上掉下来了。而且我觉得他们不会修复它的真正原因是我是一个胖子，他们认为我不是一个真正的运动员，我是一个不配做这种手术的人。

在经常引起争议的体重健康研究中还有一个问题让人们感到愤怒，即所谓的"肥胖悖论"(obesity paradox)。（这个概念反映了人们普遍认为肥胖必对健康不利，因此任何与此假说相矛盾的说法都被认为是有争议的。）多项研究表明，患有某些慢性病的超重和中度肥胖患者比普通体重且患有相同疾病的患者长寿且生活质量更高。但是，像心脏病、中风和糖尿病等许多疾病的问题却常常被归咎于肥胖。

最早写下肥胖悖论的研究人员之一，卡尔·拉维（Carl Lavie）说，没有人愿意发表他的第一篇关于心力衰竭的论文。"人们认为这不可能是真的，他的数据肯定出了问题。"新奥尔良欧适能心脏和血管研究所的心脏病专家兼教授拉维说道。

例如，由于 2 型糖尿病与较高的 BMI 相关，医生通常建议体重过重的糖尿病患者减肥。这就是流行病学家梅赛德斯·卡内通（Mercedes Carnethon）曾被教导的做法，她没有理由质疑它。她在心力衰竭和末期肾病患者的病例中读到过肥胖悖论，但她并不认可这种发现，她把这种现象解读为较瘦的人体重减轻是因为其在接近死亡，而不是相反。

之后，芝加哥范伯格医学院副教授卡内通也听闻了糖尿病患者的肥胖悖论。起初她并不相信，直到她发现自己的数据也产生出同样的结论。"与超重或肥胖的人相比，那些在确诊糖尿病时体重正常的人的死亡率增加了一倍。"她说。尽管还没有人理解为什么会这样，但深入的研究已证实了这个问题。最近出现了以下一些假设：实际上可能更瘦些的人会触发这些慢性疾病的基因变异，这些基因变异病比普通慢性病更加致命。也许更重的人会得到更积极的治疗，因为他们被认为风险更高，因此得到的治疗结果更好。也许是肥胖的样子而不是体重本身在此过程中发挥了作用。

　　对肥胖悖论的认知中还有别的声音。保罗·麦卡利（Paul McAuley）研究了数百项记录肥胖悖论的研究，并确信健身是关键（这一结果是不出所料的）。2010年，他根据斯坦福大学退伍军人运动测试研究的数据发表了一篇文章，该研究持续关注了超过1.2万名中年男性退伍军人，通过实验室测试记录了他们的身体强健水平。麦卡利的结论是：超重和肥胖的男性只有在身强体健的情况下才能比正常体重的男性长寿。

　　另一个使体重与健康之间关系复杂化的因素是贫困。众所周知，至少在美国，穷人比富裕的人更容易发胖。各种各样的因素都会影响到这一点：缺乏良好的食物和锻炼的机会（例如，许多孩子因为住在危险的社区而无法在户外玩耍），缺乏自我照顾的时间（特别是同时打两份甚至是三份工的人）和压力（这也是疾病和早逝的原因）。美国和加拿大的研究小组发现，贫困与患上2型糖尿病之间存在很强的相关性，特别是在非裔美国女性中，无论她们的体重或BMI指数是多少。[1]事实上，耻辱和压力的影响可能比我们想象的更大。在2014年一项对万余人进行的研究中，无论她们是瘦弱、超重还是肥胖，对体重不满意且这种不满持续多年的话，更有可能患上2型糖尿病。[2]这些发现再次说明了体重与健康之间关系的复杂性，只言片语无法阐述清楚。

1　罗宾斯等：《社会经济地位》，2004年；唐等：《性别差异》，2003年；李等：《社会经济地位》，2011年；埃弗森等：《流行病学证据》，2002年；克里斯南等：《社会经济地位》，2010年。
2　迈克尔·D. 维尔特等：《慢性体重不满意预测2型糖尿病风险：有氧中心纵向研究》，发表于《美国心理学协会》，2014年第33期，第912—919页。（原文中附录标识此文发表于《健康心理学》，与此处标识的发表出处有歧义。——译者注）

　　不幸的是，这些都不能阻止医生和研究人员出于健康原因建议病人减肥，甚至也不会阻止那些被诊断患有糖尿病、心力衰竭和其他悖论所涉及病症的病人被要求减肥。我问梅赛德斯·卡内通她是否仍然建议她的糖尿病患者减肥。"我们永远不想放弃减肥建议"，卡内通对我这么问她感到很惊讶，好像我在暗示世界是平的一样荒谬。当我质问她为什么时，她说："证据确实表明，超重范围内的那些人健康状况较差。"我想知道她怎么看待凯瑟琳·弗莱加尔的研究，后者的研究与她的建议彼此对立。在沉默了很长时间后，她说："维持健康胆固醇水平的饮食结构的变化仍然是硬道理。"这根本是答非所问。

　　关于体重和健康的第四个经常被提及的谎言是减肥使我们变得更瘦、更健康。至少，我们认为节食减肥是良性的，即使它没有带来多少帮助，至少也不会伤害我们。但事实是，由于各种原因，节食减肥对我们许多人来说实际上是有害的。它并没有使我们大多数人变得更瘦或更健康，真相往往相反。

第二章

太棒了！十七天！平腹！谷物大脑！减肥达人！生食！节食！

由长期节食焦虑所换取来的健康，并不比冗长乏味的疾病好。

——亚历山大·蒲柏[1]，十八世纪的英国诗人

每年 1 月是减肥最狂热的时期，数百万美国人此时展开了节食减肥行动，全国六分之一的人口严控自己的饮食，大家尽量让自己的体重不增反减（故意消耗比摄入的卡路里更多），以此达到明确的减肥目标。这样的节食者大部分在坚持两周后就放弃了，[2] 但她们会在一年中不断重试这个办法。也就是说，如果保守地估计一下，平均 45 岁的美国女性在其成年生活中要经历 50 次节食。[3]

这些数字很能说明我们是如何看待节食这件事的。从好的方面说，节食会在一段时期内起作用，最糟它也不会给我们带来什么伤害。节

---

1 亚历山大·蒲柏（Alexander Pope），1688 年出生于伦敦，是 18 世纪英国最伟大的诗人，杰出的启蒙主义者。他推动了英国新古典主义文学的发展。——译者注

2 萨蒂·怀特洛克斯：《今年流行的减肥食谱很可能只持续 15 天，最终可能会让女性体重增加》，邮报在线（2002 年 1 月 2 日），于 2014 年 10 月 24 日访问网站 www.dailymail.co.uk/femail/article-2081315/Trendy-crash-diets-New -Year-likely-just-15-days-end-women-weighing-MORE.html.

3 《1 亿减肥者，200 亿美元：减肥行业》，ABC 新闻，2012 年 5 月 8 日。

食席卷全国的情况完全属实——在美国你很难找到一个从未节食过的女性。节食是一种社会必然,尤其对女性而言。同事、朋友和家人会加入慧俪轻体减肥中心,或者一起进行减肥达人的挑战。毕竟大家同病相怜。

我就是一个多年来惨淡节食的人,自 15 岁开始,为了达到各自减肥 20 磅的目标,我和妈妈加入了慧俪轻体减肥中心。我不是唯一节食减肥的少女,20 世纪 80 年代女孩普遍从 14 岁开始节食(相较而言,当下女孩从 8 岁开始节食,是 8 岁哦[1])。整整四个月我们吃的就是冷冻食品、盒装午餐以及我妈自制的"布丁面包"[2],当然里面既没有面包,也没有布丁。

十八个月之后我上了大学,减掉的 20 磅迅速反弹回来了,而且额外还增加了 10 磅,每晚我都饱受夜食的挣扎。这就是人们很久以前常说的术语"暴食症"(binge eating),节食会导致人暴饮暴食。每天晚上,我会吃现成的、未加热的罐头食品,然后把证据藏在垃圾桶的最下面,这样室友就不会发现了。每天早上我都感到羞耻和绝望并发誓再也不这样做了。但实际上我长期处于这种恶性循环中。

结果,我在接下来的十年中以一种经典的"溜溜球模式"(即减重与反弹循环)(yo-yo pattern)度过,即在极端严苛的节食和暴饮暴食之间摇摆不定。28 岁时我重新加入了慧俪轻体减肥中心,以便瘦到足

1　根据科罗拉多州丹佛市饮食失调基金会的统计数据,见 www.eatingdisorderfoundation.org/EatingDisorders.htm.

2　不论你有没有当过体重观察者,请一定看看温迪·麦克卢尔(Wendy McClure)撰写的《神奇的鲭鱼布丁计划:20 世纪 70 年代的经典食谱卡片》(*The Amazing Mackerel Pudding Plan*:*Classic Diet Recipe Cards from the 1970s.*)。她对蓬松的鲭鱼布丁、法兰克福皇冠烤肉和白菜砂锅(我不做这些)等食谱的刻薄评论使我每次都想要咆哮。

以穿得上我母亲的婚纱（象征意义上）。这次我减掉了四十磅，体重下降到 BMI 指数中的正常范畴，但这也使我虚弱、疲惫，对节食更加着迷。我算计、打量并记录下我吃过的每一口食物。我梦想食物，计算着还有多久才到我吃下一顿饭或零食的时间。我每天都吃同样的东西，从不更改，这是保证我吃下"正确"数量食物的唯一方式。

三年后，当我怀孕的时候，无视助产士每周一次的责骂，我很快恢复了那减掉的四十磅。我喜欢怀孕的状态，其中一部分原因是在此期间体重增加是没问题的，当我吃东西的时候，我也不会感觉到罪恶和自我放纵。我吃的食物为我和腹中的宝宝提供营养，我从没感到任何"吃还是不吃""是不是吃多了"的矛盾。但是，另外两次怀孕，一次流产，为治疗严重的产后抑郁而服用抗抑郁剂，这些使我变成"史上最胖"。我每增重一磅，脑海就会多飙一些脏话：你真没用、又懒又蠢。你失控了。你是这个房间、这个社区、这个世上最丑陋的女人。

我有三四次重返慧俪轻体减肥中心，但每次都坚持不了几天。我头脑中所想的东西有些变了。我再也不会去做计算每口食物的分量和重量的事儿了。无论我下多大的决心、多么厌恶自己的肥躯。我就是再也不会去这么干了。我骂自己很虚弱、缺乏控制、很贪吃，但这些法宝失灵了。我无法忍受节食对我的剥夺。由此我被送去治疗，我与改变我人生的治疗师的一段缘分就此开启。

我们节食总是出于以下一个或两个皆有的原因：外貌和健康。如果你是一个女人，并且你希望别人认为你有吸引力，你就必须按照当下文化对瘦弱（或者最苗条的身材）的标准来要求自己。并且无论你是男人还是女人，如果你不瘦，你会被以各种方式告知：如果你不减肥，你的健康将会受损。

所以我们节食。我们认为它最糟的情况也是无害的，如果节食没有效果，好吧，我们承认没有严格控制食量或者没有足够坚决地执行那令人难以满意的饮食计划。事实不是如此吗？解决方案你已经猜到了：更长时间节食、尝试不同的节食方法、更严格的节食。2013年，美国人在减肥产品上的花费超过600亿美元，[1]这个数字不断上升，狠降体重的努力使我们的很多底线危如累卵，一再被突破。

不幸的是，证据表明节食不会让我们变得更瘦和更健康。事实完全相反：几乎每个节食的人终究体重都会增加；很多节食者的健康不是得到保养，而是受到了威胁，特别是久而久之，节食就会出现这样的问题。特别是反复节食会导致生理和精神上的一系列不良反应（我们将在本章后面更深入地介绍）。事实上，节食是导致暴饮暴食[2]和肥胖症[3]的一个主要危险因素。

节食的确可以使人在一段时间内变瘦——六个月、一年、两年，也许是三年。巧合的是，这也是大多数研究者追踪节食者展开研究的时间段，以及节食者们所宣称节食成功的时间段。实际上，你在五年甚至更长时间内保持显著的减肥状态的机会和熬过转移性肺癌折磨的机会是一样的，都是5%的概率。你喜欢哪种节食方式并不重要——原始饮食、吃肉减肥法、生食、素食、高碳水化合物法饮食、低碳水

1　《美国减肥市场：2014年现状报告与预测》，于2014年10月24日访问网站www.marketresearch.com/Marketdata -Enterprises-Inc-v416/Weight-Loss-Status-Forecast-8016030/.

2　R.L.科温，N.M.艾文娜，M.M.波及阿诺：《喂养与奖励：来自三种暴食老鼠的模型与观点》，发表于《生理与行为》，2011年第104期，第87—97页。

3　特雷西·曼等：《医疗保险寻求有效的肥胖治疗方案：节食不是答案》，发表于《美国心理学家》，2007年第62期，第220—233页。戴安娜·诺伊马克·斯坦纳等：《青少年的肥胖、饮食紊乱和饮食失调的纵向研究：节食者5年后的生活方式如何？》，发表于《美国饮食协会》，2006年第106期，第559—568页。K.H.皮尔提蓝南：《节食会让你变胖吗？一项双胞胎研究》，发表于《国际肥胖》，2012年第36期，第456—464页。

化合物法饮食、西柚、减肥糖（还记得那些耐嚼的内芯是药物的糖果吗？）——只有 3% 至 5% 的显著减重的节食者能保持住节食这件事。减肥治疗是棵摇钱树，一部分原因是这种治疗没什么效果，总有重复需求它的客户群。

你阅读有关减肥的研究或者你与此领域相关的研究者进行交谈时，你都不会知道任何一条有用的信息。事实上，当我向阿拉巴马大学的戴维·安利森（David Allison）询问节食研究时，他坚称研究显示节食五年是能成功的，"仅比我们奋力争取的时间少一点点"。我告诉他，我知道仅有一项研究对节食者的追踪是持续五年或更长时间的，这是一个"前瞻"项目，它对 2 型糖尿病患者展开了长达十年的研究。我要求安利森给我提供其他对节食者持续五年甚至更长时间研究的案例，不论其研究结果如何。他一个都没提出来。

我是如何保持身材的——至少到目前为止

黛布拉（Debra），55 岁，曾就职于非营利发展机构，
现正学习成为一名密苏里州堪萨斯市医院的牧师。

我有过三次超过体重 10% 的"减重与反弹循环"的情况。第一次是在高中，我母亲告诉我，我是戏剧班最胖的女孩，我需要减肥；第二次是在我的婚礼之后；第三次是当我 42 岁的时候，我人生中第一次得知我的胆固醇指数高得已濒于临界值。我记得我在洗澡时大哭，捶打我的大腿，为我如此肥胖而发火。

我开始走路、跑步，我减掉了约六十五磅。我成了跑步达人。因为我是个跑者，所以很容易保持这种减肥状态。然后我的身体开始不争气——每次跑步我的脚都会肿胀，关节也出问题了。我

开始研究并且惊异地发现我所知道的节食和减肥就像一坨狗屎，根本就是一个谎言。我了解到只有3%的人能够在五年甚至更长时间内保持体重，而且减掉的体重仅仅占他们体重的10%，对我来说，体重的10%简直就是微不足道的。

最终我找到的保持减肥的方法起作用了，但我不想把它当成灵丹妙药去渲染。我每天摄入1800卡路里，并且常常不由自主地在脑海里对食物进行卡路里计数。我每天可以摄取200卡路里的谷物碳水化合物，在晚上可以喝一杯让我摄入200卡路里的葡萄酒。然后我会像一只胖鸡那样做运动，我穿着加重背心并且给脚踝增重，这些重量加起来大约30磅。我打开减肥视频并且在五十分钟内将动作完成两遍。在做这些减肥动作的时候我也看新闻，这样我才能忍受这种减肥方式，并且让我的生活中除了减肥还有点别的事情做。因为这不是一种生活方式，这是一项工作。

事情并不如一开始所预料的那样，维持这种状态真的占用了很多精力。这其中有自愿的部分，因为我正以此为研究内容；另一部分是非自愿的——对食物全神贯注成为我的一种侵入性思维。

现在我在带垫地毯上疯狂做着运动，并且不会扭伤我的脚踝。但你猜我在某些时刻会发生什么？当我不再能做这样的运动时，也许我会尝试做水中有氧运动。我这么做只是为了让我变成一个最瘦弱的女人。我可能会再次发胖。我再也不想被那些让胖人感到不高兴的力量所钳制了，没有什么比这个更让我害怕。

不像黛布拉，我们很多人认为我们只要稍微努力一点，体重就会下降并且不会反弹。我们必须要这样去想，因为我们一次又一次、一次又一次地不断努力。看看节食书的市场就明白了，节食减肥的前景看起来是无限光明的。无论给出的节食方法多么荒谬可笑、没有效果或者有潜在危险，绝望的人们都会为了最新的减肥建议痛快地支付24.99 美元。他们吃绦虫、喝下用牛蹄制成的混合物 [1]；给舌头做封闭，这样进食时就会疼；每口食物咀嚼 32 次（每个牙齿一次）[2]，体重每反弹回一磅都会自我谴责。这种情况是绝对错误的！

特雷西·曼（Traci Mann）认同这种观点。她是加州大学洛杉矶分校的心理学研究员和教授，是少数几个从不节食的西方女性之一。具有讽刺意味的是，节食是她的研究重点。在 2006 年，她和一位名叫简特·托米亚玛（Janet Tomiyama）的博士生一起谈论医疗保险开始支付"有效的"肥胖治疗费用的决策。她们想知道哪些治疗方案会导致体重长期减轻，并且决定搜集证据。其调查结果发表在一篇 2007 年的文章里，她们确认了很多节食者已有的一个怀疑：节食对减肥不起任何作用。

这里令人难以置信的问题是，我们知道节食是无效的这个结论已经很长时间了，医疗机构也深知此事。退回到 1958 年，宾夕法尼亚大学著名肥胖症研究员兼教授 A.J. 斯图卡特（A.J.Stunkard）写道："肥胖的人减掉的体重，大部分会重新反弹回来。"在 20 世纪七八十年代，凯斯西储大学营养学教授和研究员保尔·恩斯贝格（Paul Ernsberger）就开始记录节食如何发挥作用（通常记录下的是它没有发挥作用）。大约三十年前，（三十年前哦！）恩斯贝格和一位同事对健康和肥胖的关

---

1 20 世纪 70 年代流行的液体蛋白长寿药减肥法（ProLinn Diet），节食者什么都不吃，每天只喝由屠宰场的下脚料，如蹄子、犄角和蹄筋制成的含 400 卡路里的饮料。

2 弗莱彻主义（Fletcherism），也被称为咀嚼饮食，由一位美国营养学家贺拉斯·弗莱彻 (Horace Fletcher) 于 1895 年创立，他相信，正如他经常说的那样，"大自然将严惩那些不咀嚼的人"。

联进行了详尽的综述。[1] 他们指出，16 项长期的国际研究成果发现，超重和肥胖不是导致死亡和心脏病的主要危险因素；一个美国的研究小组主要依赖保险公司的数据进行研究后发现，较少胖人购买人寿保险（因为这些人必须比不胖的人支付更多费用），死亡率与肥胖症之间的关系被捆绑得异常得高。

恩斯贝格还注意到了 BMI 指数中超重组的死亡率最低这一事实——与此相似的情况是，2013 年凯瑟琳·弗莱加尔（Katherine Flegal）重新记录下的 U 形曲线并招致了强烈的反对之声。恩斯贝格和他的同事假设肥胖症与一些情况相关，如高血压和增高的心血管疾病风险，但这些状况实际上是因为治疗失败——体重循环（Weight cycling），一次又一次地减重和反弹。他们认为许多医生对肥胖的反对是基于"道德和审美偏见"而非医学事实，医生对肥胖有着明显偏见的这一观点已被研究所证实。

20 世纪 90 年代初期，苗条地穿着束腰和靴子的奥普拉·温弗瑞（Oprah Winfrey）将一辆载有 67 磅动物脂肪的红色马车作为她的舞台布景，并称这些脂肪是她用超低卡路里减肥法所减去的重量。此后不久，联邦贸易委员会就指控慧俪轻体减肥中心、珍妮·克莱格（Jenny Craig）体重管理公司和其他三个主要节食公司传播了欺骗性的广告。[2]1992 年，美国国立卫生研究院（NIH）的一名研究人员指出："五年内，无论哪种减肥项目，减肥的绝大部分人会反弹回其最初的

1　保尔·恩斯贝格，保尔·哈斯丘：《肥胖对健康的影响：另一种观点》，发表于《肥胖与体重管理》，1987 年第 6 卷，第 2 期，第 55—137 页。
2　马琳·西门斯：《五家减肥公司因欺骗性广告被指控》，发表于《洛杉矶时报》，1993 年 10 月 1 日。

体重值。"[1]与此同时，先于国会开始展开节食业失败研究的心理学家大卫·加纳（David Garner）发表了一篇论文，[2]论文的开头这样写道："减肥所带来的所谓的好处是众所周知的，以至于对其质疑便意味着对大部分不可撼动的信念的藐视。"[3]二十四年后的今日，事实依然如此。我想这部分地解释了为什么美国人花费如此多的时间和金钱去追逐虚无缥缈的苗条梦想，以及为什么如此多的医生继续向他们的超重和肥胖病人推行节食疗法。就好像我们不想知道真相似的，或者我们选择继续相信欺骗与不实。尽管我们知道，任何对减肥模式心存哪怕一点点疑虑的人与孩子之间都会产生裂缝，人们对此的反应是恐怖、审判和惧怕，并且有时候情况其实更糟。

　　而节食的最终效果怎么样并不是什么新闻，我们现在对节食的过程、优点和缺点了解得比四十年前更多，节食总会让人们随着时间的推移变得更重。对芬兰双胞胎的一项研究中发现，节食越严重的人成为超重者的风险越大，在节食后的生活中他们反弹的速度也会更快[4]。此规则的例外是一个关于设定点（set point）、稳定点（settling points）的理论，即我们每个人的身体都设定了一个非常明确且限定性的体重范围，在此范围内（通常在 10 至 20 磅）我们的身体能够发挥其最佳功

1　芭芭拉·阿特曼·布鲁诺：《HAES 文件：各种尺码运动中的健康历史——20 世纪 90 年代初》，发表在"尺码多样化与健康协会"的博客上，www.healthateverysizeblog.org/2013/07/16/the-haes-files-history-of-the-health-at-every-size-move ment-the-early-1990s/.

2　戴维·M. 加纳：《减肥无效与对肥胖引起的健康风险的夸大》，小型商业委员会关于监管、商业机会和能源小组委员会的证词，1990 年 5 月 7 日。

3　戴维·M. 加纳，苏珊·C. 伍利：《肥胖治疗：虚假希望的高成本》，发表于《美国饮食协会》，1991 年第 91 期，第 1248—1251 页。

4　K.H. 皮尔提蓝南等：《节食会让你变胖吗？一项双胞胎的研究》，发表于《国际肥胖》，2011 年第 36 期，第 456—464 页。

能，[1] 并且人们对这个设定点的数值的个体差异是非常大的。

一个和我一样高的朋友，体重可能减掉了 50 磅，最近因短期服药而增加了 10 磅。她知道她需要完成整个服药疗程并且她的体重会回归正常水平。她对肥胖或肥胖的人并无偏见，从不节食并且身体素质很好。但是增加的 10 磅使她的身心都感到极度不适，她迫不及待地想要停药，这样她的体重值才能恢复到她的身体设定点上。及时停药后，确实会如此。

相比之下，当我保持到她的通常体重时——在 BMI 指数中这个体重值对我们的身高来说是最标准的——我陷入更大的悲惨中：饥饿、对食物念念不忘、极易勃然大怒。我满脑子想的都是我什么时候开始吃、吃什么东西。根据医生的说法，这个体重对我的身高来说是理想的，我应该心怀喜悦，但我并没有这种心情。在增加 50 磅之后，我才觉得自己更强壮、更健康、更开心。

设定点理论表明在你的定点范围内体重相对容易增加或减少，但无论是增是减都不会超过这个设定点数值太远。我所听闻过的减肥成功并能保持良好的那些故事证实了这一点。住在威斯康星州麦迪逊市的四十多岁的杂志编辑米歇尔（Michelle）每天步行 7 英里，减掉了大约 20 磅。她说她这样的体重已经保持九年并且不需要节食，她为何能相对容易地做到这点呢？一个原因是她减肥后的体重仍然在她身体的正常体重范围内。（虽然一些人可能会觉得每天步行 7 英里并不容易。）

大多数想减肥的人都想减得更多，然后她们总会碰到节食和反弹

1　M.J.米勒，A.博瑟－韦斯特法尔，S.B.荷马斯费得：《是否有证据表明有一个管理人体体重的设定点？》，发表于《F1000 医学报告》，2010 年第 2 期，第 59 页。

的意想不到的后果：你越节食，你就越可能以增重收场。根据研究人员珍妮特·波利维（Janet Polivy）的说法，这种结局有其多种原因。她最著名的论文的题目是《不幸与进食：为什么节食者会过食？》。波利维在长岛长大，尽管她在多伦多大学担任教授已经三十年，她的发音仍然带着口音。她说目睹母亲与体重的多年斗争激发了她探索节食者面临的心理障碍的兴趣。

波利维举了一个例子。在面对烦心事儿时，节食者比非节食者更容易情绪化，反应更强烈，这可能是因为节食本身会产生强大压力。节食者往往皮质醇水平较高，皮质醇有时被称为"压力激素"和游离脂肪酸，两者都是压力指标。[1]节食者的执行能力较弱，经济学家桑歇尔·姆莲娜（Sendhil Mullainathan）称之为"紧张的带宽"（strained bandwidth）[2]，也许是因为将如此多的精力集中在对食物的思考、担心和选择上，从而使她们无法分心再去考虑其他事了。[3]

波利维认为，节食的大多数压力来自于我们身处在一个充满诱惑的食物世界中，这种环境解释了为什么食物被削减以后节食的人和实验室里的小白鼠的反应是不同的："当小白鼠得到食物时它们就吃，没东西可吃时它们也不会感到压力。"波利维解释说，"它们只是坐在那里，因此它们活得更长。"她笑了。"也许只是看起来活得更长。"

但是，当小白鼠处于看得到却吃不到的情境中时，它们的反应看起来和我们很像。在一项研究中，波利维在食物被剥夺的老鼠的笼子

---

1 珍妮特·托米亚玛等：《低卡路里饮食会增加皮质醇》，发表于《身心医学》，2010年第72期，第357—364页。

2 桑歇尔·姆莲娜：《不能分神导致的精神压力》，发表于《纽约时报》，2013年9月21日。

3 珍妮特·波利维，朱莉·科尔曼，C.皮特·赫尔曼：《剥夺对食物的渴望与节制/解除节制饮食者的饮食行为影响》，发表于《国际饮食失调》，2005年第38卷，第4期，第301—309页。

上方附了一小筐果脆圈，小白鼠可以看到并闻到果脆圈的香味，但吃不到。这些小白鼠的压力应激激素水平远高于没有被果脆圈折磨的小白鼠，当它们得偿所愿地吃到食物时，第一组小白鼠想吃多少吃多少，体重明显增加，第二组则没有显著增加。波利维说，外卖的例子也很典型。"除非你把自己锁在屋内，点很少的食物，不看电视，也不接触外界，否则你会被食物的诱惑所包围。"她解释道，"这是得不偿失的，一旦你有机会获得食物，你就会吃得更多，然后体重会反弹，甚至会增加更多。"

当然，生理学也起着重要作用。吃的动力对我们的生存至关重要，它被一系列强大的生理过程支持。例如，2011年的一项研究表明，饥饿（无论是有意还是无意）会触发下丘脑中的神经元——一个在大脑深处的小杏仁形器官——它会逐渐消耗自己，以此放大大脑传出的饥饿信号。[1]

节食结束后，至少在啮齿动物中，节食的效果还可以持续很久。在由阿拉巴马州伯明翰大学心理学教授玛丽·博贾诺（Mary Boggiano）完成的一项研究中，节食经历（或，实际上是一种营养不良的经历）导致小白鼠暴饮暴食——比平时吃普通饲料时多吃了很多奥利奥饼干。"显然，大脑对节食的记忆将挥之不去，并由此引发暴饮暴食，"博贾诺说，"那是一个新奇的发现：节食将伴你左右并使你处于危险之中。"

2002年，电影《超码的我》（Super Size Me）中的儿科胃肠病学家威廉·克里斯（William Klish）告诉《休斯敦纪事报》（Houston

---

1　苏蜜塔·考希克等：《下丘脑的自噬神经细胞调节食物的摄入量和能量平衡》，发表于《细胞代谢》，2011年第14期，第173—183页。

Chronicle）记者："如果我们不能控制（肥胖）这种流行病，那么这个世纪的儿童将会第一次出现这种情况：比父母预期的寿命更短。"

正如克里斯后来承认的那样，[1]他完全没有证据证明这种可怕的情况；这种论断完全是基于他的"直觉"。但这并没有阻止该论断在媒体上被反复提及，也没有影响研究人员不断对之加以引用。事实上，正如我所写，这一论断在美国心脏协会、儿童防卫基金会、美国心理学会和其他著名组织的网站上占有突出地位。

没有人质疑克里斯的"世界末日之说"的一个原因是，这种论断与我们对体重根深蒂固的假想相吻合。在我们所确立的文化中，肥胖是坏的、苗条是好的这种二元论的结论似乎是不言自明的，因此似乎不需要去做什么验证。"谈论'肥胖流行'的人通常采纳绝对信念的论调，"迈克尔·加尔（Michael Gard）在《肥胖流行病》（*The Obesity Epidemic*）中写道："问题的严重程度及其原因都是不证自明的。"

这里还有另一个因素发挥着作用，一个与我们围绕体重问题的信念相关的因素。"我们评估与体重相关问题的研究方式并不是中立的，"加州大学洛杉矶分校社会学教授、《胖有何错》（*What's Wrong with Fat*）一书的作者阿比盖尔·萨吉（Abigail Saguy）解释说，"胖子有什么不对？""公众、记者和研究人员生活在一个理所当然地认为'肥胖是坏的、纤瘦是好的'的世界里。我们明白这将影响我们评估研究发现的方式"。

例如，萨吉说，2004 年的一项研究估计，每年有 40 万人因肥胖

---

1 根据消费者自由中心出版的《肥胖迷思的流行》。消费者自由中心是一个有争议的消息源，因为它不可避免地是食品制造商的领军者，他们在向美国消费者持续生产和销售垃圾食品中获益。尽管如此，我还是无法找到任何证据支持克里斯的说法。

症死亡，这一结论很少或根本没有得到公众监察，因为它强化了大多数人（包括研究人员）已经确信的——"肥胖会杀死你"的论调。但在 2005 年，当疾病预防中心愚蠢地将每年因肥胖而死亡的人数估值减少到大约为 2.6 万人时（这是一个巨大的差异），记者们无法停止对这个新预估的质疑。"几乎三分之一的记者采访了那些不是作者的研究人员，他们说这项研究并不好，"萨吉说，"他们之前的研究并没有发现这些。"当然，记者们正在采取行动，保持着对这个新数字的怀疑态度。但问题是他们为什么对原始的、更高估值没有抱同样的怀疑态度呢？

因此，克里斯的世界末日之说之所以有市场是因为它令人恐惧。恐惧（无论是否事出有因）是我们谈论体重时的重要内容——特别是涉及儿童时。激烈争论的节食话题在以儿童为中心加以讨论时会变得更加波诡云谲。

根据疾病预防中心的最新数据，几乎一半的美国儿童和青少年在 BMI 指数中属于超重或肥胖类别。就像成年人的数据发生变化一样，儿童与青少年的这些分界点在过去十五年中也在无规律的移动。从 1994 年开始，美国国立卫生研究院（National Institutes of Health）认为在 BMI 指数中第 95 位或以上（in the 95th percentile or above）的儿童在他们的年龄段是"超重的"；第 85 位的百分位数到第 95 位的百分位数 (the 85th to the 95th percentiles) 的人被标记为"有超重的风险"。2005 年，这些类别发生了变化；现在，高于第 95 位百分位数 (above the 95th percentile) 的孩子被标记为"肥胖"，而第 85 位百分位数到第 95 位百分位数 (in the 85th to 95th) 的孩子则被称为"超重"。[1] 而且，根

1　南希·可雷布斯等：《儿童与青少年超重和肥胖的评估》，发表于《小儿科》，2007 年第 120 期，S193—228 页。

据《肥胖迷思》(*The Obesity Myth*)的作者、科罗拉多大学法学教授保罗·坎波斯(Paul Campos)所说，与此同时，另一个鲜为人知的变化是：这些百分位数是根据 20 世纪六七十年代的数据而不是当下孩子的数据来定义的，如今的孩子比当时的孩子更高更重。换句话说，坎波斯写道："当米歇尔·奥巴马宣称我们三分之一的孩子太胖了，她真正说的是，四十年前身高体重指数图表中第 85 位百分位数 (the 85th percentile) 大约在今天的第 67 位百分位数 (the 67th percentile)。"[1]

不断变化的定义使得人们很难去追踪孩子的体重实际上发生了怎样的变化（而不应是去关注他们的体重类别）。与成年人一样，孩子的平均体重在 1980—2000 年上升了，并呈现出相对稳定的状态。（很少报道的事实是，体重不足的年轻人比例从 20 世纪 70 年代初的 5% 左右下降到现在的 3.5% 左右，这真是个好消息，因为体重不足与营养不良和其他健康状况密切相关。）[2]

儿童期肥胖被当成普遍的流行病并且受到了高度重视：在 2010 年，第一夫人米歇尔·奥巴马推出她的"让我们行动起来"(Let's Move！)项目，其目标是"在一代人中解决儿童期肥胖"。一些研究人员甚至呼吁在子宫内开始肥胖预防工作。[3]还有其他的观点，尤其是哈佛医学院小儿科教授大卫·路德维希(David Ludwig)认为，既然"家长相对而言采用的是有缺陷的温和教育方式，比如在家中留着太多

1　保罗·坎波斯：《童年的肥胖》，发表于《新共和》，2010 年 2 月 11 日。

2　参见网站 www.cdc.gov/nchs/data/hestat/underweight_child_07_10 /underweight_child_07_10.htm for more details.

3　J.诺曼，R.雷诺兹：《在怀孕期间超重和肥胖的后果》，发表于《营养学会会议》，2011 年第 70 期，第 450—456 页。马修·吉尔曼，戴维·路德维希：《预防肥胖应该最早起始于何时？》，发表于《新英格兰医学》，2013 年第 369 期，第 2173—2175 页。

垃圾食品、没能以身作则养成健康的生活习惯，就可能导致孩子的体重出问题"[1]。肥胖儿童可能需要从家中搬走，假定可以让他们进入看护机构，以便减肥。[2]

我想知道为什么我们没有和生活在一个或两个家长吸烟的家庭中的孩子进行同样的谈话。我们非常了解二手烟和三手烟的危害：它会导致一系列疾病，包括哮喘、呼吸道感染、肺癌和心脏病。[3]然而，没有人会要求将其父母不能或不肯戒烟的孩子送去看护机构。没有人计算儿童因二手烟而生病所产生的医疗费用，也没有人会就香烟和雪茄对环境带来的后果而提出建议。

医生和研究人员都知道，节食这种方法对儿童和青少年而言并不比对成年人来得更成功，实际上，它不会更成功，而会更具伤害性。明尼苏达大学公共卫生和流行病学教授戴安娜·诺依马尔科-斯坦纳（Dianne Neumark-Sztainer）自 20 世纪 90 年代开始研究儿童和青少年的体重、节食和健康状况，她也是一系列正在进展中的相关研究（以EAT 项目最为著名）的主要研究者。她的研究始终关注儿童和青少年的节食与长期体重增加、一辈子都处于危险状态的饮食失调模式之间的关系。[4]

1　林德赛·莫塔夫，大卫·路德维希：《国家干预危及生命的儿童期肥胖症》，发表于《美国医学会》，2011 年第 306 卷第 2 期，第 206—207 页。

2　路德维希提出这一论点是基于儿童和青少年的减肥手术日益增长的事实，他认为住进看护机构比不可逆转的手术更好。然而，让孩子进入看护机构也是从根本上解决了问题，其影响也可能是一劳永逸的。这种实践已经发生了。2011 年 10 月，一名 8 岁的俄亥俄州男孩因体重 218 磅、具有2 型糖尿病和高血压的风险，而被送进了看护机构。他实际上并没有任何疾病，但国家仍然认为这是医疗疏忽。5 个月后他回家了，轻了 50 多磅。我无法追踪此后他又发生了什么事情。

3　马蒂亚斯·欧博格：《全球因接触二手烟雾而造成的疾病负担：对来自 192 个国家的数据进行回顾性分析》，发表于《柳叶刀》，2010 年 11 月 26 日。

4　戴安娜·诺依马尔科-斯坦纳等：《从青春期到成年期的节食和饮食紊乱：一项为期 10 年的纵向研究与发现》，发表于《美国饮食协会》，2011 年第 111 期，第 1004—1011 页。

诺依马尔科 - 斯坦纳发现年幼的孩子开始节食后，他们发生体重增加和危险行为（如催泻、滥用泻药、暴饮暴食和过度运动）[1]的概率更高。事实上，节食的儿童和青少年明显比那些没有节食的儿童和青少年在十年之后显得更胖——即使他们最初并不胖。[2] 相比于非节食者，他们对自己身体的感觉更加糟糕，这反过来使他们更易饮食失调、进食障碍、体重增加。[3] 揶揄的是，节食小孩和青少年也不太可能追求健康的生活行为，比如经常进行适度运动和均衡饮食。[4]EAT 项目的一位研究人员凯蒂·罗斯（Katie Loth）称："人们常常认为对身体不满和感到不开心可以激励人。但我们已经确定这种说法是错误的。"

那么，我们为什么要鼓励孩子节食？一个成年人为自己做出这样的决定是一回事，鼓励甚至强迫孩子节食，将他们置于一系列影响一生的行为模式中则是另一回事。几年前，纽约市的一位母亲达拉 - 林恩·威斯（Dara-Lynn Weiss）因为在给时尚杂志（*Vogue*）写的一篇文章中描述她如何让自己七岁的女儿节食而名声大噪（究竟是褒是贬全凭个人观点）。"很多时候，我看起来像一个疯狂、霸道的妈妈，我觉得自己就是一个疯狂、霸道的妈妈。"在她出版了以这次经历为内容的图书后，她对《赫芬顿邮报》（*Hufngton Post*）的记者说："但这也是我找到能够帮助女儿的唯一办法。"[5]

1　E.恩里克斯，G.E.邓肯，E.A.舒尔兹：《节食的年龄起始、体重指数和节食的习惯：一项双胞胎的研究》，发表于《食欲》，2013 年第 71 期，第 301—306 页。

2　戴安娜·诺依马尔科 - 斯坦纳：《在青少年时期节食和不健康的体重控制行为》，发表于《青少年健康》，2012 年，第 80—86 页。

3　戴安娜·诺依马尔科 - 斯坦纳等：《青少年的肥胖、饮食紊乱和饮食失调的纵向研究：节食者 5 年后的生活方式如何？》，发表于《美国饮食协会》，2006 年 106 期，第 559—568 页。

4　对凯蒂·洛斯（Katie Loth）的采访，2013 年 12 月。

5　丽莎·贝尔金：《〈沉重〉一书的作者达拉 - 林恩·威斯：不后悔让她七岁的孩子节食》，发表于《赫芬顿邮报》，2013 年 1 月 15 日。

处于节食后的恢复期

曼迪（Mandy），36 岁，在佛罗里达州盖恩斯维尔市的
一家环保非营利组织工作。

　　我发育得较早，大概十一岁，所以我对自己的身体感到有点难为情。我的家人讲了很多关于它的笑话。有一首很流行的歌曲"大屁股"（Da Butt），他们会唱给我听："曼迪有一个大大的屁股。"正因如此，甚至在我真正理解这些之前我就已经对自己的身体过分敏感了。

　　在我十二岁时，我第一次为了减肥改变吃东西的方式，我父母把"他们的"食物藏起来，比如奥利奥饼干和冰激凌这些不允许我吃的东西。所以我常常偷吃。在接下来的二十年里，我成了一名偷吃者和暴食者。

　　十四岁时，我买了第一本减肥书，开始做运动，吃脱脂食品，计算卡路里，一直嚼口香糖，一直走路。我成了一个强迫性躁郁不安的人，因为做了这些仍没有燃烧卡路里。我一直过着这样的日子，丝毫没有觉醒。

　　十九岁时我特别瘦，因为我开始吸毒。我被强制戒毒，于是开始对吃东西着迷。我特别痛苦，连皮肤也感到非常不适。二十一岁时，我戒毒并开始增加体重，在接下来的十年里，我持续节食，限制体重，大量运动，减重，这会维持一段时间，然后体重缓慢增加。每次减肥后我的体重都会反弹，并且会反弹到我最重的水平。

　　三十一岁那年，我的丈夫发生了意外，几乎失去了他的腿。事故发生后，我体重增加了 30 磅。在我的脑海里，我一直紧绷的

神经突然断裂了，我厌倦了节食。仇恨自己的体形、跟自己的身体拧巴着来让我几乎筋疲力尽。我所做的一切是多么明显地徒劳无功啊。然后我想，我不能以此了却余生。

我深深地领悟到这不是我的错，如果你试图操控自己的身体它就会对你做出反击。

这就是问题：我们希望我们的孩子健康、成功。所以当儿科医生警告我们孩子因体重而处于危险之中时，我们被迫采取行动，这可能意味着教孩子计算卡路里、锁住冰箱、批评她的身体。（例如，威斯在她的书中承认，在聚会上当着朋友们的面她羞辱女儿吃得太多了。）作为父母，尤其是作为母亲，我们不仅就自己对食物和身材的压力而大吐苦水，还经常直接指责孩子们出的问题，尤其是体重问题。然后，我们责怪自己。

我女儿患上厌食症后我才醒悟我以前就是这样做的；事实上，在某种程度上我希望她的病是我的错误导致的，因为这样的话，我便认为自己能够修复它。（面对厌食症的诊断没人能够头脑清醒。）我在与像美国国立卫生研究院院长托马斯·因塞尔（Thomas Inesl）博士这样的饮食失调研究者和专家的交谈中了解到，许多因素对罹患饮食失调都会发挥作用，包括遗传学、神经生物学。家庭并不会发挥什么作用。把话说得再明确一些，我与食物和体重的抗争并没有导致我女儿的厌食症；如果家庭有什么影响的话，那就是我们共同的遗传基因和脑回路。

鉴于我们对孩子的爱和焦虑，在涉及孩子与体重问题时我们很难与主流相悖。当我们听到自己的孩子要不减肥就将肥胖一世，就将患上糖尿病或心脏病，或者多病齐发，这时候我们当然想要保护他（或她），去做一些事，即使我们怀疑这些事情会有适得其反的效果或具有伤害性。正如著名的儿科医生威廉·希尔斯（William Sears）在 2012年 4 月关于"与儿童期肥胖作战"的圆桌会议上所说的那样，"对于我们所可能患上的每一种饮食失调，我认为肥胖会给我们的健康带来数百倍的糟糕后果"。反对这样一个"专家"的如此论调是很艰难的。我不禁想知道希尔斯是否真的曾经治疗过患有饮食失调症的孩子，他是否看到了儿童和青少年在身心方面由这些混乱所带来的严重伤害。对于儿科医生来说，他似乎对这些严重的危害有点漫不经心。

这些给我揭示出很多东西。像希尔斯这样的医生要么并不做完整的研究，要么其研究中缺失了很多内容。他们专注于超重和肥胖的危害——无论这些危害是真实的还是夸大的——这使他们不能回头、无法将孩子视为完整的人，而不仅仅是看到的 BMI 指数中的数字。即使他们真的相信，正如希尔斯所显示出的那样，超重和肥胖是紧迫的健康问题，他们也必须知道并没有有效的长期"解决方案"。我们不知道如何让孩子变瘦，至多我们只知道如何让成年人变瘦。像戴安娜·诺依马尔科 - 斯坦纳和珍妮特·波利维这样的研究人员的研究成果所表明的，我们在做各种尝试的过程中制造出了很大的伤害。

希尔斯的观点还表明，与变胖比起来，饮食失调是非常罕见的，它们并不是那么糟糕。（它忽略了你可能发胖并患有饮食失调的现实。）这准确来说是一种修辞，这种修辞会造成、甚至经常引发孩子陷入不健康的饮食与锻炼行为的旋涡。儿科医生确实应该好好了解，[1] 因为大多数饮食失调症是在儿童期或青春期被儿科医生诊断出来的。

---

[1]　例如神经性食欲缺乏在所有精神疾病中的死亡率最高。

　　这种为达目的不择手段的做法是全国关于体重和节食大讨论的重要组成部分，尤其是这些话题涉及孩子时。三年前，格鲁吉亚的一家儿科医院制作了一系列关于儿童期肥胖的有争议的广告，很多人都赞扬这个活动是对棘手的议题说了真话。该活动拍摄了看起来不高兴的胖孩子的黑白特写镜头，上面写着"警告：如果你长得不像一个小女孩，你就很难真的成为一个小女孩"，"变胖带走了孩子小时候的乐趣"，"不是因为骨架大，而是因为食量大让我成了这样"。视频中的孩子谈到了患上高血压和糖尿病的情况，虽然后来被发现他们实际上是健康的演员。一位参与该活动的医院主管告诉 CNN，"华丽的广告并不会引起人们的关注，我们想要提出一些醒目的、直击人心的内容"。它们确实具有吸引力，但可能和医院想要的效果不一样。抵制该活动的人像病毒一样迅速蔓延开来；批评人士称，该广告是羞辱性的和带来污名化的，并最终伤害了他们想要帮助的孩子们。最终，他们禁播了这些广告。[1]

　　这里的"手段"——对孩子的体重"做点什么"，以此来进行羞辱，无论这意味着什么 ——这些手段都很少能达到让孩子更瘦或更健康的希望与目的。让孩子自厌再也不会带来像让成人自厌那样的积极的改变，尽管像生物伦理学家丹尼尔·卡拉汉（Daniel Callahan）那样的专家提出了对肥胖人群加大污名与羞辱的论点——这被形容为"前卫的策略"，也不会终结肥胖。[2]

　　即使这些行为并没有打算羞辱孩子，也会在很多严重的方面带来反效果。例如，很多学校现在要求上"身心健康"或"健康饮食"课程，无论是否有科学依据。一位学生告诉我，他的高中健康课老师指

1　然而，该活动仍在继续。参见 www.strong4life.com.

2　丹尼尔·卡拉汉：《肥胖：追逐难以捉摸的流行病》，发表于《海斯汀中心报告》，2013 年。

示他们回家后，脱掉衣服站在镜子前，上下跳跃。老师说，如果有任何不该摆动的东西摆动了，他们就处在不健康的体重之中。真的吗？

这些课程经常用食物与身体之间的破坏性关系来吓唬孩子。这就是重点，难道不是吗？难道这么做的目的是让孩子少吃多动？但将恐惧作为激励因素会带来各种负面信息和行为。并且，尽管没有证据表明这些课程以任何方式帮助到了孩子——是否减轻了体重——事实上，几十年来学校让孩子变瘦的举措一再失败——但许多中学和高中都在使用这些举措。并且这些课程经常使易受侵害的孩子陷入全面的饮食失调。[1]

我的女儿就是其中之一。六年级开始的"身心健康"课程启动了她对饮食的焦虑和对健康的兴趣。尽管她的体重正常，她也开始担心变胖。她戒掉了甜点，告诉我们她被告知糖是不健康的。在接下来六个月左右的时间里，她这种节制性的生活将她完全淹没，最终演变成全面爆发的厌食症，差点儿要了她的命。[2]

像多伦多儿童医院指导饮食失调方案的儿童精神病学家蕾拉·皮哈斯（Leora Pinhas）这样的研究人员指出了这些学校本位的健康提升项目的风险。皮哈斯在 2013 年写道："这些案例关注的是那些在家里、学校和邻里之间的儿童与成人的健康提升的需求，无论其什么身材。换句话说，无论这些人是胖的、瘦的，还是标准的，所有人都是被鼓励（而不是被威胁）和投入像吃得好、做运动这样的健康行为不是个好点子吗？其终极目标难道不是健康而非体重吗？"

对此我并不确定。我们知道从长远来看让孩子们节食不会让他们

1　蕾拉·皮哈斯：《以健康的体重来交易健康：健康体重计划的未知方面》，发表于《饮食失调》，2013 年第 21 期，第 109—116 页。戴安娜·诺依马尔科 - 斯坦纳：《将饮食失调领域的信息整合到肥胖预防中》，发表于《青少年医学》，2012 年第 23 期，第 529—543 页。
2　你可以在《勇于进食的女孩：一个家庭与厌食症的斗争》中读到完整的故事。

变瘦，反而会让他们比不节食时变得更胖。我们知道瘦并不等于更健康——相反，对一些儿童和成人来说，体重减轻是其患病的症状。我们知道绝大多数人并不能保持刻意的减肥，因此第一次节食往往会触发带来更糟后果的"体重循环"，这往往比保持稳定但较重的体重来得更不健康。但医生不断为所有年龄段的孩子开出节食处方，事实上，"终结儿童期肥胖"竞赛的最新进展声称要将婴儿作为节食对象。[1]

为达目的不择手段

乔斯林（Joslyn），36岁，是纽约州伊萨卡市附近的艺术家和法律助理。她在阿肯色州长大。

我的节食历史可以追溯到我十一岁的时候，从那时起我开始一次次地减重又增重。我到加利福尼亚上大学时，是我在体重史上最重的时候。所以我开始少吃多走路。我减肥了并且立刻得到了各种各样的赞美。这种进步让我更加限制热量并痴迷于锻炼。在早上和晚上我要走约三英里，也去健身房锻炼几个小时。

我的健康出现了一些状况，并最终向学校的一位职业护士提出我想减肥的问题。那时我已经减掉了65磅，但根据BMI我的体重仍然很高。她不知道我减肥的速度有多快，也没问我这段时间都在吃什么。她只给了我一个目标体重以及我应该吃的食物的示例，并且让我每周来称重以跟踪我的进展。

我开始催泻，几个月后，我开始滥用泻药，确实我每周都减掉一些体重。我被监督减肥，也被鼓励保持这种减肥状态。我在

---

1 安玛丽·奥尔森，佩尔·莫勒，海伦·豪斯纳：《饮食过量的早期起源：早期的习惯形成和对以后生活中肥胖的影响》，发表于《当前肥胖报道》，2013年第2期，第157—164页。

11 个月里减掉了大约 115 磅，然后开始无规律地昏倒，最后我做了心电图并发现自己患上了心律不齐。我需要接受住院治疗，但是根据 BMI 指数，我仍然是超重的，我要达标的话只有进坟墓了。

事到如今，我处在饮食失调的恢复期已经六年了。

很多专业人士似乎仍然认为，减轻儿童和青少年的体重不仅仅是一个好主意，而是必不可少的，相应地，减肥的年轻人几乎不会患上饮食失调或其他病，即使他们患上了这些病，减肥给他们带来的好处也远比可能带来的些许潜在威胁重要。宾夕法尼亚大学著名肥胖研究员、心理学家托马斯·瓦登（Thomas Wadden）就是这样一位专业人士。他写道，"虽然健康专家、教师和家长将继续介怀儿童和青少年被误导的减肥行为，但所有人都应该提高对不断增长的儿童期肥胖的关注"。[1] 但谁将是这种思路的实际获益者？瓦登对"肥胖总是不好的"这一观点的效忠表明他对以"让胖孩子变瘦"为名而导致的孩子的饮食失调和自我形象受损感到没有任何问题、挺好的——尽管这些减肥行为并不发挥任何作用。（那些瘦弱孩子的饮食习惯和身心健康是怎么样的？有人关注这个问题吗？）瓦登还领导了宾夕法尼亚大学的体重和饮食失调中心，这让我们可怕地联想到他明确的优先研究内容：儿童与体重。我很庆幸我的女儿没有在那里接受治疗。

从长远来看，事实证明节食并不会使人更瘦，但它必须使人们更加健康。这至少是加州大学洛杉矶分校教授简特·托米亚玛（Janet Tomiyama）在几年前所探讨的"前提"。自称为"美食家"的托米亚玛

1　M.L.巴林，T.A.瓦登：《儿童和青少年超重的治疗：节食会增加饮食失调的风险吗？》，发表于《国际饮食失调》，2005 年第 37 卷，第 4 期，第 285—293 页。

对体重议题很感兴趣，所以她很多童年时光都在日本度过。"在日本，每个人都比美国人瘦得多，对超重有更普遍的耻感，而且更易对抗超重。"她说。"我去了一所美国学校，我听到对同一个体重值完全不同的两种反馈。美国人的态度是，你的身体很漂亮！"她咧着嘴笑，脸颊上出现一个酒窝。"然后我回到家，人们会对我的身材发出公然的恶评。"

托米亚玛最近和心理学家特雷西·曼 (Traci Mann) 合作，调查刻意减肥（无论人们是避免了反弹还是反弹了）对健康的改善情况。她们回顾了关于节食干预的研究，寻找普遍的健康标志物，并选择了五组指标来进行对比：总胆固醇、甘油三酯、血压（收缩压和舒张压）以及空腹血糖。研究结果令她们感到震惊。"我们发现健康结果与体重的增减没有任何关系，"托米亚玛说，她无奈地补充道，"我们在发布这项研究成果时遇到了一些问题。"

她们的发现是令人深感不安的，毕竟在这样的文化中我们每个人事实上都用体重来作为健康的指征。比如我的邻居对女演员的体型感到惋惜就是因为她将体重和健康混为了一谈。与此相同，医生跟达-林恩·威斯说她的女儿必须减肥，但却没有提及女儿的饮食或运动习惯。

当然，托米亚玛的研究并不意味着减肥永远不会使健康受益。一些刻意减肥者发现血压、血糖、胆固醇水平或关节疼痛的状况得到了改善。它确实强调了一个事实，即健康本质上是一项单独的衡量指标。对我健康的对你来说可能并不健康，反之亦然。但这并不是这个议题所讨论的构架。相反，减肥几乎是每个人改善健康的标配处方，包括医生在内我们大家都这样想。当医学专家面对任何医学问题都自发推荐减肥法时——我已经听说医生将耳朵感染和脑部畸形都归结为超重——他们不仅仅是在依赖一种不真实的假设，还会不知不觉地遗漏其他健康议题。[1]
对体重的耻感是一个真正的问题，尤其对医生而言（见第四章）。

"前瞻"实验是关于减肥和健康的最大、最新的综合性研究之一，
该实验旨在研究通过"强化生活方式干预"的减肥是否能推进对 2 型
糖尿病的预测，罹患该病的人群更易出现心脏问题、截肢以及其他医
疗并发症。该研究跟访了五千名左右超重或肥胖的 2 型糖尿病患者近
十年——远远超过了大多数跟访研究通常的一到两年的跟访期限。

结果有些混乱。干预组的人确实比对照组的人的体重减轻更多
（尽管不是非常多，研究结束时两组分别减掉了 6% 的体重和 3.5% 的
体重）；干预组的人在健康和生物性指标，比如腰围和糖化血红蛋白
（血糖水平的标记）方面都呈现出重大改善。但也出现了包括心脏病发
作、中风、其他心血管"事件"，以及那些没有得到强化干预的人的早
逝。事实上，该研究提前被叫停，因为它发现干预组和对照组之间并
不存在显著差异。

这并不能阻止医生坚持向 2 型糖尿病患者开出减肥诊断。根据
"前瞻"实验的主持人、布朗大学的阿尔伯特医学院的精神病学和人类
行为学教授厉娜·温（Rena Wing）的说法，"有很多应该鼓励糖尿病
患者减肥的理由。"[2] 二十年前，拥有社会关系博士学位的厉娜·温创立
了国家体重控制登记处，以追踪那些减肥"显著"并有效维持了"较
长一段时间"的情况，温将之解释为每个人一年至少减掉 30 磅。她还
发表了 200 多篇有关肥胖症治疗和预防的研究文章。[3] 与今天许多该行

---

1 阅读有关该主题的一些个人故事，请访问博客 http://fathealth.wordpress.com.

2 2013 年美国糖尿病协会大会上发表的评论。

3 温的简介在国家体重控制登记网页，见 www.nwcr.ws/people/Rena.htm.

业的研究人员一样，她的一些研究工作得到了减肥行业的经济支持。和大家一样，在支持"减肥提升健康"的这个理念上，她从许多层面上都投入了非常多的心力，尽管这个理念还只是仍缺乏明确证据来支撑的一个假说。

在体重与健康的讨论中一个经常被忽略的要素是节食的反复反弹的影响，也就是人们常说的"体重循环"。越来越多的研究表明，体重的反复减轻与增加，与更严重的心脏病[1]、免疫功能受损[2]、心血管代谢风险[3]、胰岛素耐受[4]、甘油三酯[5]、高血压[6]、腹部脂肪堆积[7]相关。换句话说，从健康角度出发，体重循环可能比肥胖更糟糕。2001年在日本进行的一项引人注目的研究表明，无论你是瘦还是胖，这些体重循环所带来的健康风险都是适用的。

名古屋大学的研究人员在20多岁到30多岁、健康、不吸烟、体重"正常"的五名女性间展开了研究，让她们经历两个重要的减肥期，

1　史蒂文·N.布莱尔等：《在多重风险因素干预试验中，体重变化，全因死亡率和死因特异性死亡率》，发表于《内科医学年鉴》，1993年第119期，第749—757页。劳伦·丽斯奈尔等：《弗雷明汉人口的体重和健康结果的变化》，发表于《新英格兰医学》，1991年第324期，第1839—1844页。

2　艾米丽·K·安德森等：《体重循环增加t细胞在脂肪组织中的积累并损害系统的葡萄糖耐受力》，发表于《糖尿病》，2013年第62卷，第9期，第3180—3188页。琳达·尼拜林等：《体重循环与免疫能力》，发表于《美国饮食协会》，2004年第104期，第892—894页。

3　丹尼尔·P.必维斯：《体重减轻后的心脏代谢风险以及超重和肥胖的绝经后女性的体重反弹》，发表于《老年学》，2012年第68期，第691—698页。

4　H.叶苏亚等：《日本男性体重波动与空腹胰岛素浓度之间的关系》，发表于《肥胖与相关代谢紊乱》，2003年第27期，第478—483页。

5　M.B.奥尔森等：《女性的体重循环和高密度脂蛋白胆固醇：有不利影响的证据：来自NHLBI赞助的WISE研究的报告》，发表于《美国心脏病学会》，2000年第36期，第1565—1571页。

6　J.-P.蒙塔尼等：《在生长期间的体重循环以及之后的心血管疾病的风险因素："重复的过度射击"理论》，发表于《国际肥胖》，2006年第30期，S58-S66页。

7　伊曼纽尔·塞雷达等：《体重循环与体重超重和腹部脂肪堆积有关：横断面研究》，发表于《临床营养学》，2011年第30期，第718—723页。

并在之后的 180 天内恢复体重。对体重和健康的一般研究通常采用让受试者自我报告其体重、身高、食物摄入量和日常锻炼的方法，众所周知，这种方法得出的结果是不准确的；我们大多数人都低估了我们实际的食量和我们的体重，并高估了我们锻炼强度。实际上，这个研究中的这些女性经过了称重、测量，并在很大程度上受研究人员监督，这意味着数据更准确。

受试者首先节食 30 天，每天摄入约 1200 卡路里，减掉 6 到 10 磅。然后在接下来的 14 天里她们想吃什么就吃什么；所有人都恢复了她们减掉的重量，而且还比之前又长了些体重。接着进入另一个为期 30 天的节食期，在此期间，她们没有像第一次那样减掉那么多体重。最后，她们在接下来的三个半月内自由饮食。

研究结束时，受试者的体重与她们开始时的体重大致相同。但她们的去脂体重[1] 已经下降，这意味着她们虽然体重没变但体内的脂肪更多了。她们的静息代谢率也下降了，这意味着她们现在需要更少的卡路里来维持相同的能量。最后，她们的血压和甘油三酯也上升了。她们可能在外表和体型上看起来与之前相同，但体重循环引起的生理变化会损害她们的健康，并可能导致更多的体重增加和疾病降临。[2]

这项研究的有趣之处（除了研究人员以某种方式说服五位女性经历这样一个艰苦的过程之外）在于它跟踪和监控的是个人，而不是群

1　去脂体重（fat-free body），为去除脂肪以外身体其他成分的重量，肌肉是其中的主要部分。"瘦体重"由身体细胞重量（BCW）、细胞外水分（ECW）和去脂的固体部分（FFS）组成。其主要成分是骨骼、肌肉等。正常情况下，瘦体重与身体脂肪含量有一定比例。测量瘦体重对促进能量转换和耗氧、调节水盐代谢等具有重要意义。在运动训练中，运动员保持较高的瘦体重，对提高有氧耐力和运动能力是非常有好处的。——译者注

2　妙子梶冈等：《故意体重循环对非肥胖年轻女性的影响》，发表于《新陈代谢》，2002 年 2 月第 51 卷，第 2 期，第 149—154 页。

体。因此，尽管样本量太小而不能普及，但该研究的设计提供了一个窗口，使我们可以看到伴随体重循环的一些其他不可见的变化。虽然需要做更多的研究（并且毫无疑问研究会这样做），但大量数据已表明周而复始的节食不是良性的。我们很多人一次又一次地在体重上左右震荡，我们相信我们正在努力变得更健康，但这绝对正在以我们尚未理解的方式伤害我们的身体。

许多关于体重循环的研究表明它是危险的，但是很多研究并未发现它与死亡率[1]或疾病[2]具有相关性。（有趣的是，几乎所有这类研究都是由哈佛大学的沃尔特·威利特（Walter Willett）开展的，他拒绝与我交谈。）毫无疑问，关于体重和健康研究的方方面面并没有绝对的共识，而且还有很多未解之谜。尽管如此，当受人尊敬的肥胖症研究人员多纳·瑞安（Donna Ryan）——巴吞鲁日的潘宁顿生物医学研究中心的前任主任，曾参与美国几个最大型的体重和健康研究项目——声称不熟悉体重循环的任何负面影响时，我不得不去想这是为什么。瑞安在接受采访时告诉我，"我不相信减肥和反弹会有任何伤害。我认为当你体重较轻时风险就会减少，这对你有好处。"

威利特和瑞安所持的这种观点，与其他大量的研究发现背道而驰，肯定与我们所发现的体重循环对人心理的影响不相匹配。很多关注体重

---

1 艾莉森·菲尔德，苏珊·马斯派尔，沃尔特·威利特：《中年或老年妇女的体重循环和死亡率》，发表于《美国医学会杂志·内科学》，2009 年第 169 期，第 881—886 页。维托里亚·史蒂文斯等：《在美国关于体重循环和死亡率的一项大型研究》，发表于《美国流行病学》，2012 年第 175 期，第 785—792 页。

2 艾莉森·菲尔德等：《美国成年女性的体重循环和患 2 型糖尿病的风险》，发表于《肥胖研究》，2004 年第 12 卷，第 2 期，第 267—274 页。盖里·福斯特，D.B. 萨维，T.A. 瓦登：《体重循环对肥胖儿童的心理影响：审查和研究议程》，发表于《肥胖研究》，1997 年第 5 期，第 474—488 页。劳伦·R. 西姆金·希尔弗曼等：《体重正常和超重的女性的终生体重循环和心理健康》，发表于《国际饮食失调》，1998 年第 24 期，第 175—183 页。

循环与心理影响的研究都发现体重循环与暴饮暴食具有强相关性。道理
很好理解，人体对饥饿的生物性反应就会促使人去多吃。反过来，暴饮
暴食与精神苦闷密切相关。在 2011 年一项对超重和肥胖的非洲裔美
国女性的研究中，与体重循环相对应的是较高的瘦身需求、较低的身
体满意度和较低的自尊心。[1]早期的研究发现体重循环与饮食失调、压
力较大、幸福指数较低、对食物和饮食不自信等这些表现息息相关。[2]
换句话说，一个人的体重循环次数越多，她对体重、进食和自我的
感觉就越差。

　　在我为写本书而采访过的数百名女性和男性中，我与其中曾减掉
超过二十磅并已维持超过五年的四五个人深谈过。在肥胖研究的世界
里，他们被称为"维护者"（maintainers），仅占 5%，他们很少而且很
神秘。这些维护者都表示说减轻体重是他们的首要任务，当他们的注
意力稍微转移一点点时他们的体重就会反弹。他们中几乎所有人都经
历过多多少少的体重循环。

　　其中一位"维护者"是帕特里克（Patrick），身材秀顾，38 岁，有
一对深深的酒窝，是大学图书管理员，在得克萨斯州长大。他说自己
是一个胃口很好的人。"我快乐地大吃大喝，"他说，"这是我个性的一
部分。"

　　帕特里克第一次节食始于九年前，他的医生训诫了他的体重问题。
"我知道自己超重了，但之前从未被正式地记录在案，"他说，"就像我
被人当面大吼，这让我下决心不再麻烦医生。"他开始每天走路，最终

1　罗萍·L. 奥斯本等：《非洲裔美国女性的悠悠球节食模式：体重循环和健康》，发表于《种族与疾病》，2011 年第 21 期，第 274—280 页。
2　J. P. 法耶特等：《体重波动的相关心理因素》，发表于《国际饮食失调》，1995 年第 17 期，第 263—275 页。

转为跑步。他对自己吃了什么、吃了多少变得很警觉。在接下来的三年里，他减掉了80磅。

帕特里克的日常生活从每天同样的早餐开始（碎麦片加牛奶）。他走路或骑自行车2.5英里去工作，午餐时间去健身房。每天的午餐也都是一模一样的——目前是几盎司的鹰嘴豆泥、半个皮塔饼、圣女果、搭配一点奶酪和醋汁的菠菜和芝麻菜，还有水果。（他每隔几个月换一次菜单。）他走路或骑自行车回家，跑步，然后与妻子坐下来吃少量晚餐。

他每周跑二十到三十英里，他说这成为了他的激情所在与安心所在。但他也会担心，如果他受伤了，或者发现自己不得不从事三份工作时将会发生什么。或者，出于任何原因，他每周无法保证十五个小时用于健身时将会怎么样。"每天锻炼做一个健康人在我的生活中已经根深蒂固，"帕特里克说，"但是，假如我知道对我有用、我也享受其中的减肥方式从我的生活中抽离而去，我该怎么办？"

他的担忧揭示了体重—健康辩论中心点中一个核心困惑。当帕特里克开始走路、然后跑步，他的健康状况得到了改善——不是因为他减肥，而是因为他开始定期锻炼，定期锻炼对身心的益处是众所周知的且被登记在案的。但他将健康状况的改善归因于他体重减轻了80磅，而不是归因于他行为方式的改变。就像一个以前吸烟的人将他的健康改善归因于他的牙齿更白了；毕竟，如前所述，黄牙是肺癌的危险因素。如果我们生活在一种盲目迷恋白牙的文化中，我们可能会同意瘦身就是"万金油"。但当然啦，他更健康的真正原因是他改变了自己的行为方式：他戒烟了。

不久前，帕特里克的体重确实反弹了30磅，他说，主要是因为他不在意他正在吃什么以及他锻炼了多少。这次减肥更加困难。[1]

对于减掉大量体重的很多人来说这都是事实。正如名古屋大学的研究人员所发现的，节食会改变新陈代谢。经过一段时间的限制以后，身体会更高效、更节省地消耗卡路里。在执行相同的活动时，刻意减肥的人通常比不节食者少消耗约 15% 的卡路里，[2] 这意味着哪怕吃进一点点卡路里他们都比不节食的人更易增重。"我们科学地认识到即使有人减肥，他们也永远不像一个瘦弱的人。"北卡罗来纳大学教堂山分校的小儿科研究教授阿什利·斯金纳（Asheley Skinner）博士说："他们将处于一种总需要更少卡路里、更多运动以保持较低体重的状态。我们知道肥胖激素和饥饿激素会产生瀑布效应（cascade effect）[3]，这是代谢方式发生紊乱的情况。"

几年前，斯金纳使用 NHANES 研究的数据来测试这个概念。她分析了一般体重和超重儿童的两天"正常"的食物摄入量，发现尽管较重的幼儿和学龄前儿童比比他们瘦的孩子吃得多，但年龄较大的孩子和青少年相较于比他们瘦的孩子则吃得大为减少。[4] 一个可能的解释是年龄较大的孩子和青少年可能已经经历了不止一次的减肥和反弹，从而使他们的新陈代谢更高效了。

鉴于我们所知，节食有害且经常无效，它为什么仍然能如此广泛地

1　2003 年对体重维持成功的维持者进行的一项研究发现，很少有人能够重新减轻反弹的体重，即使是少量体重。帕特里克能成功可能与他没有发生过体重循环有关；这是他的第一次体重循环。

2　C. A. 盖斯勒，D. S. 米勒，M. 沙阿：《后肥胖与瘦的每日代谢率》，发表于《美国临床营养学》，1987 年第 45 期，第 914—920 页。

3　瀑布效应：在注视倾泻而下的瀑布以后，如果将目光转向周围的田野，人们会觉得田野上的景物都在向上飞升，又叫运动后效。——译者注

4　阿什利·C. 斯金纳，迈克尔·J. 斯坦纳，艾琳娜·M. 佩兰：《2001—2008 年，"全国健康与营养检查调查"对超重和健康体重儿童能量摄入的自我报告》，发表于《小儿科》，2012 年第 130 期，e936—e942 页。

作为医疗手段并得到推动与促进？我认为一个原因是我们大多数人谈到体重时便会感到陷入绝境。我们不断被这样的信息打击：胖是糟糕的，我们需要变瘦，我们的孩子和宠物需要变瘦，我们都会死去（或者与很多猫孤独相伴、了却残生），如果我们不减肥我们的下场就是如此。我们生活在一个相信"我们能掌管自己命运"的时代，包括掌管我们的身体。尽管大量的证据表明我们并没有做到这一点。我们甚至相信如果我们做对一切事——吃的正确、锻炼充足、减压、腾出时间与朋友相聚、生活充实，我们便可以逃脱死亡。因此，当我们的身体不够标准、我们的生活看起来不如其他人充实或令人满意时，我们会产生难以置信的羞耻感。在我们的文化里，任何事情的失败都被视为无法原谅的弱点。因此我们不断推动自己和孩子，我们在同一个封闭的圆圈中不断打转并试图让一切都变得"正确"，让我们的身体和我们的食欲变得"正确"。

通过对食物进行控制、感到困扰与焦虑，我们将自己塑造成了今日的样子。

第三章
好食物，坏食物

> "尽管很久以前我们就已经学会了摒弃将气候、收成、照顾动物与其他自然现象相互关联的奇幻思维，但当我们想到节食的时候，这种奇幻思维仍让我们深陷泥潭。"

> ——露丝·加伊 (Ruth Gay)，《对食物的恐惧》(*Fear of Food*)，发表于《美国学者》(*The American Scholar*)，1976

> "关于营养的错误信息大量传播，尤其是那些从中能够获利的人更乐于此道。这样的错误信息是压倒性的。"

> ——A.E.哈普 (A.E.Haper)，威斯康星大学研究员

有关于"吃"，我最生动多姿的童年记忆发生在我祖父母家里。我家每周五晚上都在那儿吃晚饭，那是我一周中的黄金时间。不仅仅是我能花时间陪伴我崇拜的祖父母，也因为我的祖母还是一个优秀的大厨，她能迎合我和我姐姐的口味。（很多年来我都以为鸡有四只翅膀，因为祖母知道我最爱吃鸡翅膀，每次她总是多买。）

那个夜晚我大概十岁左右，我已经感到自己太胖了，尽管那时候的照片显现出我是有着一头卷曲黑发和一个相当标准身材的矮个子女

孩。我们对着白面包（challah）[1] 祈福，并把它绕过桌子。祖父在他的切片面包上涂抹了黄油，并让我也这样做。"来吧，娃娃，"他说，"就着黄油尝尝看。"我摇了摇头——我喜欢什么也不抹的白面包——当我把这片面包放到嘴边时，他责怪地说："看起来你的体重增加了。"我记得我坐在那儿，面包半含在口中，我仅仅十岁，那时的我就在想"现在该怎么办"？

我已经忘了那段经历，直到多年后的一天，治疗师问我，如果现在你对自己的身体感到满意会怎么样呢？然后一个年轻女孩在家庭餐桌前被突然禁食、整个被羞愧与困惑所冻结的景象就不经意地匆匆映入我的脑海。我仍然认为治疗师误判了我，我仍认为她疯了。但是，很长时间以来我第一次发现自己正在衡量食物在我的生活中扮演的角色。直到我 38 岁才真正全力以赴去思考食物——我吃了什么、吃了多少——影响了我如何看待自己的身体。长久以来这个问题令人如此痛苦，我让自己只从字面上想想它而已。然而，现在，我强迫自己坐下来思考食物究竟让我感觉如何。我用一段可笑又艰难的时光来思考这个问题。我的思绪一直想要溜走、游走于一些即时分心的事情上，这无疑表明了这个问题对我而言有多重要，而我回避了它有多久。

最终，我能久久地静坐并想出问题的答案：当我吃得太多时，我感到臃肿和肥大；当我吃得太少的时候，我的身体感觉清新淡雅，尽管它常常摇晃、虚弱。我意识到真正令人费解的事情是对于完全相同的一个体重我会产生两种感受。今天我可能会感到它很庞大；明天就可能感到它很苗条。但这怎么可能呢？这说不通啊。

1　犹太教在安息日或其他假日食用。——译者注

　　而且，我意识到，有些时候我感觉自己的身体相当好。说实话，这有点令我震惊；我经常自动嘲笑自己，我忘了还曾有过其他的感受。但这些好的感受紧随其后的就是令人作呕的羞耻。我身上的肉还是太多了——太柔软、太白皙、毛发太多、太肉感了。不仅我的身体会引起这种羞耻，还包括我吃与不吃、吃得过饱，我对吃和食物的焦虑已经控制了我的全部生活。我意识到我对此厌倦了。我真希望我不必吃东西，这对于爱吃的人来说是一个奇怪的想法，但这是真的。不再吃饭要比陷入吃与节食、大吃大喝与忍饥挨饿的无限循环要容易得多。

　　在我看来，或许是有史以来第一次，我完全不知道正常饮食是什么或该如何去做。我试图通过观察我的丈夫来解决这个问题，他天生强壮又健美，而且此生从来没计算过卡路里。但作为行为榜样，他对我没有任何帮助。有时候他吃得很多，还有很多食物是我从不碰的：阿尔弗雷多面条、涂着厚厚黄油的面包、通心粉和奶酪、顶部淋着奶油的大碗冰激凌。高脂食品，恐怖食品，糟糕食品。

　　其他时候，他根本没有吃太多的东西——花生酱和果冻三明治够他维持好几个小时。我曾见过他因不方便或不容易吃东西而推迟午餐或不吃午餐。我从来没有这样做过，不仅是因为我太饿，而且是因为在我想要吃或需要吃的时候没有食物的经历使我感到身体不稳和焦虑。我曾经做过几次门诊手术，手术前不让吃东西是迄今为止整个过程中最糟糕的部分。即使我没有生理性饥饿，那种被剥夺感也会在我的细胞里恐慌地尖叫。这也让我感到羞愧，因为我的骨头上已有很多肉了。偶尔不吃饭应该没什么问题，这应该对我有好处，不是吗？

　　我感觉自己像一只苍蝇在蜘蛛网上挣扎着，把自己裹得越紧，就越受到重创和冲击。于是我回到治疗师那里，撇开体重问题，专注于食物问题。正如她所说，"我与食物的关系"，这种说法似乎令人感到奇怪和不安。我花了这么多精力忘记我与食物有关系；为什么我现在想要解开这个心结？

但是，应她的要求，我带着一盒撒盐饼干来参加我们的第二次会面。至少，她让我带一个我感觉中性的食物，这样的话容易吃。所以我打开了饼干盒子，拿出一块饼干，正准备要吃，治疗师却指示我以尽可能多的方式去"探索"饼干；所以，尽管我觉得很荒谬，但我闻了它一下，努力想出一些形容词来描述它的气味。（烤面包味？淡而无味？像硬纸板？）我的指尖抚过它的边角，感觉到它尖锐的形状，触碰到它表面上的盐晶。我看它的方式与你看一块饼干的方式一样，就在我再也无法忍受这个过程时，治疗师告诉我要掰开一块饼干，放半块在嘴里。"不要咀嚼，"她命令道，"就让它待在你的舌头上。"

如果她没在看，我可能会翻个白眼。但我按她说的做了，并马上开始出汗。这半块饼干感觉又大又沉，在我的舌头上一点点胀大，它快把我噎住了，我需要吞下它或吐出它。治疗师看着我的眼睛，让我保持稳定，我努力将它保持在我的嘴里。几个小时过去了、几天几夜[1]，我度秒如年。最后她点了点头，我移动了下颚，打算咀嚼一下，但是这个饼干化得太厉害了。它一团儿地滑下我的喉咙，我一下子哭出来，这把我俩都吓了一跳。

"发生了什么事？"她问道，我试着告诉她我几乎要窒息了，喉咙里充满恐慌，我坐在那里，半块撒盐饼干在我嘴里总共十五秒却感觉像过了一个世纪，给我带来了悲伤和恐惧。我不能清楚地表述，我也

1　其实没有这么长时间，是作者感觉度日如年。——译者注

没有必要这么做。她一直冷静地看着我，慢慢地我也感到平静多了。

这是我们真正一起配合的开始。从那个饼干开始，接下来我花了十年的时间坐在她对面，把我的生活拆剖开，再把它重新组合起来。吃是基本的人类经验，已经成为我生活中如此沉重而痛苦的负担。而且我知道即便如此，我并不是唯一一个有此感受的人。正如 M. F. K. 费舍尔（M. F. K. Fischer）所说："首先我们要吃，然后我们做所有其他的事情。"

假想一下如果你的一位曾曾曾曾曾曾祖母在 21 世纪的美国神奇地复活了，除非你是皇室后代——也许甚至你就是皇室后代——她都可能会对当下食物的丰富、易得与充足而感到震惊。你当然可以告诉她，在这儿饥饿仍然是一个问题，15% 的美国家庭至少有些时候会饿肚子。[1]当然，营养不良使世界上数百万人口患病和死亡。但在美国，我们每人每年在食物上花费大约 4300 美元，[2]我们大多数人都有足够的卡路里来维持生存。

接着想象一下，你继续向这位老祖母描述我们对食物的感受。一方面我们庆祝它：聚精会神地阅读着奢华的四色食谱，上面印满了诱人的食物照片。我们阅读的杂志和博客里充斥着令人感官享受的食材和食物。我们中的大多数人会花费可自由支配收入的大部分在各种餐厅里，从麦当劳到"纽约市的 Masa"（纽约顶级日料餐厅），后者提供

1　阿丽莎·科尔曼－詹森，马克·诺德，安妮塔·辛格：《众议院——2012 年在美国保持粮食安全》，美国农业部经济研究局的一份报告，2013 年 9 月。

2　根据美国农业部经济研究局的数据，2014 年 10 月 24 日，www.ers.usda.gov/data-products/food-expenditures.aspx#.U9WXlo1dVrg. 我从其他来源看到过较低的估计，但这个似乎是最可靠的。

omakase 寿司服务 [1]，平均晚餐费用约为 1200 美元。

但是关于食物的故事还有其另一面。我们中的许多人都害怕食物并与食物斗争，在很多时候，四分之三的美国女性大部分时间以紊乱的方式进食；另有三分之一的人已经通过清理（呕吐或泻药）来控制体重，但这不包括任何真正被诊断为饮食失调的人。对这些统计数据我的学生并不感到惊讶，这就是他们的生活实情。在一节讨论饮食失调的课上，一名年轻女孩举手提问道："什么是'不紊乱的饮食'？"这引发了班上几乎每个人一连串的自白和疑问（更好的定义详见第七章）。一定数量的年轻女性（和一些少数男性）承认每天只吃一顿，完全戒除面包或其他食物组，避免任何含脂食物，每天花两个或两个小时以上在健身房里"摆脱"他们摄入的卡路里。这些二十多岁的孩子正在经受我在这个年龄时所同样经历的折磨，就像二十岁的我，他们对如何养活好自己并心怀惬意一无所知。

所以，是的，我们对食物感到困惑、混乱和焦虑，这并不令人惊讶，因为我们被各种混合信息所轰炸：好好享用你的食物但不要吃得太多，吃你喜欢的食物但不要变胖，吃健康点儿但不要剥夺你自己，吃这个、别吃那个——永远永远别吃那个。没有食物你会死，但是你正饕餮至死。

现在的营养学并不高明。这一天说肉会杀了你，第二天又说它会让你的生命多延续几年。这种说法称脂肪会让你生病并肥胖，另一种说法又称"不，碳水化合物会导致糖尿病"。还有一种声音又说"不，罪魁祸首是糖"。有种说法是"鸡蛋会让你增加胆固醇"。事实真是如

---

1 Omakase（おまかせ）在日语中是"拜托"的意思。日料中，无菜单，由主厨根据当令食材，决定当日的菜品及价格，这种就餐形式被称之为 Omakase 料理。——译者注

此吗？声称"吃盐太多会导致中风"，但是等等——事实证明吃盐过少的危害更糟。

像穆罕默德·奥兹（Mehmet Oz）这样信誉良好的医生，曾经上电视去兜售像绿咖啡豆萃取物这样的"神奇食品"，保证减掉你的大肚腩。难怪我们花这么大的力气去担心吃什么——或者更重要的是，不该吃什么。难怪一个饱受爱吃却渴望变瘦之折磨的朋友告诉我，她曾幻想她的味蕾被手术切除，这样她就不必选择了。

在我生命中的不同时刻，我会很乐意和她一起去做这个手术。如果食物真的只是燃料，除此之外一无是处，生活会变得更加简单，尤其是在这个不惜任何代价变瘦的时代。尽管沃尔特·威利特（Walter Willett）、布莱恩·文森克（Brian Wansink）甚至非常有名的迈克尔·伯伦（Michael Pollan）[1] 这样的饮食大专家都鼓励人们以非常功利的方式来看待食物，但食物远远不只是填充坦克的天然气。食物是营养，这点的确没错，但它也是爱、共同体与一种仪式。进食的需求是我们仅有的少数几个能共享的经验之一。共聚一堂来准备一顿饭，为它忙活，进餐，这种方式让我们与其他人彼此联系，它比性更频繁，比际遇更紧密。

直到我女儿生病，我才意识到有多少社交联系是围绕着食物进行的。一年多来，我们并没有邀请人们来吃晚饭，也不出去吃，避免

---

1 在她的名著《称量体重：肥胖，食物正义和资本主义的极限》（*Weighing In: Obesity, Food Justice, and the Limits of Capitalism*）中，加利福尼亚大学圣克鲁斯分校教授朱莉·古斯曼（Julie Guthman）指出，波兰的《保卫食物》（*In Defense of Food*）一书提倡一些策略，比如使用较小的盘子来欺骗自己少吃些东西，"读起来就像一本节食书"。她补充说，伯伦的大部分著作似乎"暗示如果你像他一样花更多的钱和时间去采购、准备和进食，你会变瘦"。当然，这完全是不真实的。我从来不吃混合物，如果有任何加工食品我就吃得很少，一切都从头做起，尽可能使用当地的有机成分，但我在这样的生活中很少变瘦。

早午餐、午餐、和朋友邻居一起的后院烧烤。没有与其他人聚集在一桌上，我们就没有真的聚在一起。我们感到被孤立了，我们确实变孤僻了。

起初，进食的社交因素使我女儿痊愈更加困难。开始的时候，她避免任何提供食物的场合，害怕吃东西并且对自己的恐惧心理很敏感。而且由于每个聚会都涉及食物，她总是一个人很孤独。过了好几个月，她才可以和朋友一起吃饭，即使这样，这也是一场挣扎。几年后，当她进一步痊愈时，和好朋友一起吃饭实际上帮助她度过了一些艰难的时刻。

这对于蒙大拿州的心理学家和进化生物学家珊·顾新那（Shan Guisinger）来说非常有意义，她提出了一个有趣的理论，探讨了人类早期如何饮食以及为什么有些人会患上神经性厌食症。顾新那教授说，我们的祖先游牧觅食，他们追随着食物资源而不断迁徙。她认为厌食症可能是对周期性饥荒的适应：大多数没有足够食物的人会变得饥饿和虚弱。另一方面，患有厌食症的人大多会极度活跃，充满不安分的能量。他们不认为自己太瘦或有问题，他们对食物和进食的恐惧似乎推动着他们轻视缺乏足够卡路里的情况，——至少在一段时间内。

顾新那的理论是那些适应了厌食症的人可能会带领一个部落去寻找食物，因为其他人都太虚弱、不能清晰地思考或想要移动。她说，一旦他们发现了新的食物资源并重新获得了力量，部落会让患有厌食症的人通过正常的饮食习惯来恢复健康，[1]带着她、鼓励她、支持她的进食，直到她重新恢复了体重和力气。

当然，我们当下对食物和进食的焦虑，远不及那些神经性厌食症

1　珊·顾新那：《适应于逃离饥荒：从进化的角度来看待神经性厌食》，发表于《心理学评论》，1993 年第 110 卷，第 4 期，第 745—761 页。

严重。但是，我们的文化对食物的态度让我们对这个病理产生了可怕联想。"一谈到饮食问题，我们多多少少受到了创伤"，埃琳·萨特（Ellyn Satter）说。她是一个注册营养师、治疗师，写过很多关于儿童与饮食的书籍。

几年前，萨特告诉我一个很好地呈现了她的观点的故事。多年来，她在威斯康星州麦迪逊的临床实践中致力于帮助父母和孩子处理好食物、体重和饮食问题。一位妈妈带来一个吃得好、体重稳定的七个月大的女婴。这位妈妈说，宝宝的问题是太喜欢食物了。她吃东西的时候会快乐的呻吟和摆动双腿。这位母亲因女儿的呻吟而感到羞愧，更重要的是她害怕女儿的食欲，担心宝宝会因吃得太多而变成肥胖。

这个故事对我来说似乎既有共鸣又让我倍感痛心。在我女儿们出生前，我曾经担心她们可能会从我和她们的父亲那里继承什么好的、坏的特质。我认为她们可能会遗传我的卷发并继承我的写作热情。我不希望她们继承我饮食失调的焦虑或增加体重的倾向，因为我不想让她们承受我所受的煎熬。我不希望她们被身体的焦虑所击溃或吞噬，我也不希望她们因为身材不够苗条而被拒绝或欺负。

当然，这是家长们的普遍担心。我们希望我们的孩子因为其自身而被接受和赞赏，我们希望保护她们免受伤害，包括她们对彼此的各种伤害。几年前，耶鲁大学拉德食物政策与肥胖中心的副主任丽贝卡·普尔（Rebecca Puhl）调查了父母对儿童和青少年被霸凌给出的原因，体重问题居于榜首，远远超过其他被霸凌的潜在原因，比如身体残疾、种族、阶级或性取向。[1] 引人关注的是，瘦小孩子的父母也有对

1　R. M. 普尔，J. 卢迪克，J. A. 德皮耶：《父母担心青少年因为体重而受到伤害》，发表于《儿童期肥胖》，2013 年第 9 期，第 540—548 页。

体重霸凌（weight bullying）的担忧，尽管不像超重或肥胖孩子的父母忧虑得那么严重。在这样的公众批评下，没有人能够超然世外，我们都只有五磅[1]，否则就会被认为太胖了。

　　所以我明白那位母亲对宝宝食欲的担忧，我甚至（有点儿）理解为什么达拉-林恩·威斯（Dara-Lynn Weiss）会让她七岁的女儿节食（尽管我不太理解她为何在时尚杂志 *Vogue* 和随后的一本书中写下了这些痛苦的细节）。我理解威斯行为背后的冲动；我只希望她能先做一些深入的研究，调查节食背后的其他各种可能性。

　　如果我没有积极研究体重和健康，那么我可能就是那些宣扬"好食物/坏食物"词典并鼓励女儿"注意自己的体重"的父母之一。也许我也会传达相同的关于食物的混杂信息，就像我和姐姐在家里所接收的信息一样。长大后，我们吃 Tastykakes 品牌的休闲食品，每顿饭都喝无糖汽水。我妈妈把直立的冰箱里塞满了甜点，但她锁上了冰箱并隐藏了钥匙。她随意又认真地批评我和姐姐吃了多少东西、我们有多重。她还曾用一个空的冰激凌盒子装上垃圾放回冰箱，她知道我姐姐会去拿。（在里面，她写了一张纸条"明白了吧（Gotcha）！"，我至今仍在试图搞清楚这个字到底指什么，我抓到你在吃东西了？我发现你很享受你的食物？悖理逆天啊！）她自己一直在断断续续地节食，直到她去世的那一天。她每天早上在卫生间的一个图表里记下自己的体重，一遍又一遍地减掉同样的二十五磅。

　　无论如何，基于我自己的经验，我知道害怕食物是个什么样子。我个人的节食、克制饮食和随之而来的不可避免的暴饮暴食经历，都

1　都瘦成"纸片人"，否则就被认为太胖了。——译者注

让我觉得我控制不住自己的胃口，一旦解禁，我可能会吞下所有东西。现在我非常清楚，恐惧只会导致更多的恐惧，带来更多的饮食失调和更多的健康问题。我们从一个极端反弹到另一个极端，一个星期只吃沙拉和水果，其他什么都不吃（这么做的时候感觉太棒了），然后吞下玉米片和杯子蛋糕，进入"挑战—失望"的堕落和永动的恶性循环中。

我们对食物的个人担忧已经演变成强大的文化焦虑。在谷歌搜索"饕餮至死"（eating ourselves to death）这句话，你会明白我的意思。作为一种文化，我们大多数人认为我们比以前更胖的原因，是我们吃得太多而且吃了很多错误的东西。这听起来是合理的，它与我们习惯听到的"摄入和消耗卡路里"的老生常谈相吻合。但是，尽管这是个无比通透的逻辑——摄入过多卡路里会使我们变胖，所以我们要做的就是少吃东西——而现实并非如此简单。

首先，营养学更多的是一种假定而不是惯例。我们对营养学的一般原理有很多了解，但我们或多或少地会猜测哪些特定的个体需要健康。"我们提出这些建议，具有显而易见的科学精确度，但是归根结底，我们不知道一个人在他的饮食中应该摄入多少脂肪，"北卡罗来纳大学的阿什利·斯金纳（Asheley Skinner）说，"我们不知道多少个月或多少年的高胆固醇饮食会导致心脏疾病。我们认为我们知道自己在谈论什么，但其实我们并不知道。"比如当我写这篇文章的时候，在《新英格兰医学杂志》（New England Journal of Medicine）上发表了一项覆盖十万人的新的国际研究，指出吃盐过少和过多一样危险。关于用盐标准的争论可能还要持续多年，与此同时，我们要怎么做呢？

这个夏天我穿短裤

阿丽莎（Alyssa），31 岁，在长岛一家天然食品商店工作。

我第一次真正关心自己的体重大约是在八年级。有人说我那苗条的姐姐可能会成为一名模特，但人们从来不担心我清理盘子。我并没有节食，但我在房间里安静地做很多运动。我并不把它视为通向健康的成功之道，而只是把它视为让我变瘦的必经之路。

我第一次节食是二十一岁。在三个月内我减了二十五磅，每个人都发出对我的大赞，"你看起来好棒！"这让我飘飘然。但是必然的，我的体重反弹了。当我住在新帕尔茨（New Paltz）时，我开始在美丽的山路上跑步。曾经有一辆满载大学生的汽车驶过，一个人探出身体冲我说道："继续跑啊，小胖妞，你还有很长的路要走呢。"我记得我当时停下来大笑，因为很明显，我正在锻炼身体啊。

我第二次节食是我参加慧俪轻体减肥中心，体重并没有迅速下降，而且我也没有特别自律。我在计算卡路里时来回辗转，我试图吃得健康，然后转眼当一个芝士汉堡出现在我面前时，我还是会吃掉它。情况要么非常好，要么非常糟。我失去了所有的平衡。

我开始在一家健康食品商店工作，并吃了这里所有的健康食物。我没有计算过一次卡路里，实际上第一年就减掉了二十磅。然后就有人说我减了多少体重，我感到了我应减掉更多的压力。我开始计算卡路里，体重也反弹回来了。

从健康的角度来看，在慧俪轻体减肥中心最糟糕的部分是我按照节食计划吃下了很多垃圾，这比我没有计算卡路里要糟得多。

我吃了太多垃圾，只是为了摄取较低的卡路里。我已经服用减肥药并且完成了加速疗程。最终我开始去想为什么我在这上面花了这么多时间？我加入了微博（Tumblr）并开始关注宣扬身体积极态度的博客，这很有趣——当你改变你的媒介环境并且不仅仅总在同样的三个瘦白女孩面前展示自己时，你对自己的压力减少了很多。

这仍是我每日挣扎所在。有时我觉得很神奇，有时我不想任何人看到我。但今年夏天我穿短裤了，我已经很多年没这么穿了，我感觉棒极了。

营养科学在体重问题上尤其薄弱。例如，许多研究都假定，如果一个胖子体重下降足够多，他或她就会像瘦人一样变得"健康"，并且能够像生来就瘦的人一样进食和锻炼。但事情不是这么发展的。"我们让人们去做一些我们明知道可能并不会成功的事，"斯金纳说，"谁知道我们在这个过程中对她们的新陈代谢做了什么？"

实际上，我们确实有个想法，这多亏了来自南达科他州（South Dakota）的一位充满理想信念的参议员乔治·麦戈文（George McGovern），他担心美国的饥饿问题。1968 年，他创立并主持了一个特殊的参议院委员会——美国参议院营养与人类需求特别委员会（the US Senate Select Committee on Nutrition and Human Needs），非正式地称为"McGovern 委员会"——致力于解决这个问题。在接下来的几年里，委员会组织了一次关于营养、食物和健康的研讨会，并从专家、教师、医生、学者、非政府组织和公民那里收集了关于这个问题的证词。

1974 年，McGovern 扩大了委员会的职责，包括围绕营养制定国家政策——特别是帮助美国人减少进食以避免慢性病。他的意向是好的，正如他在将近三十年后召开的基督教世界救济会（Church World Service）上向与会者讲的那样，"我希望有一天我们能够宣布我们已经在美国消除了饥饿，并且我们已经能够将营养和健康带到全世界"。委员会 1977 年的倡议尽管很有意义，甚至合乎逻辑，但并没有建立在强有力的科学基础上。

例如，委员会为普通美国人应该食用多少脂肪、碳水化合物、胆固醇、糖和盐制定了详细的指导方针。其中的两个膳食目标分别减少了人体脂肪 30％ 的摄入量、提高碳水化合物 60％ 的摄入量，尽管这些减量缺乏强有力的证据。[1]1977 年的报告启动了一项全国性的饮食实践，像心脏病学专家亚瑟·盖斯顿（Arthur Agatston）就创造了"南滩减肥法"（South Beach Diet），这种方式推动或触发了所谓的肥胖流行。[2]这种详细指导方针引领了那个时代，给我们带来了一些认知不协调的"食物"，如脱脂布朗尼和奶酪，并协助建立了一个脱罂粟（lipophobes）的国家。[3]它为政府制定"美国膳食指南"（Dietary Guidelines for America）奠定了基础，该指南于 1980 年首次发布，且每隔五年更新一次，因其出于政治而非基于科学驱动而备受争议。（最近政府提出的倡导是"我的盘子"（My Plate）创意，包括五组食物：水果、蔬菜、谷物、蛋白质食物和乳制品。可以假定，除此之外的其

1　1977 年 2 月，《美国饮食目标》第一版摘录，见 www.zerodisease.com/archive/Dietary_Goals _ For_The_United_States.pdf.

2　《对亚瑟·盖斯顿的采访》，载于《前线》，2004 年 1 月 7 日。见 www .pbs.org/wgbh/pages/ frontline/shows/diet/interviews/agatston.html.

3　这是作者揶揄与黑色幽默的说法。——译者注

他所有食物都不属于健康的饮食。）[1]

McGovern 委员会对脂肪的建议轻率地基于明尼苏达大学生理学家和研究员安塞尔·季思（Ancel Keys）的研究，他漫长而精彩的职业生涯探索了营养与健康之间的关系。实际上，季思最重要的研究项目之一，就是为对神经性厌食症作为一种生理性疾病，而不仅仅是心理疾病的现代阐释奠定了基础。[2] 在一项今天永远不会得到机构审查委员会批准的研究中，季思对 36 个健康年轻、基于道德或宗教信仰原因拒绝服兵役者进行饥饿试验。在前三个月中，他只是观察他们，将他们的生理和心理状况分类记录，为试验创造了一种基准。在接下来的六个月中，他让他们挨饿，给他们很少的食物，以至于每个人都减掉了体重的四分之一（这听起来可能不是很多，但是考虑到一个 160 磅的男人在六个月内减掉了 40 磅还是相当惊人的）。在最后三个月，季思和他的团队重新喂食这些受试者，一直在观察并精心记录下他们生理和心理健康的微小细节。

季思的观察结果颠覆了围绕食物和进食的很多传统智慧。他的受试者的心理健康状况随着他们的生理状况的变化而恶化。他们变得烦躁、焦虑、沮丧、疲惫、孤僻。他们无法集中注意力，且沉迷于食物和吃东西的行为，花费数小时吃上一小份食物，将它们切成非常非常小的小块，将它们重新摆在盘子上，用盐和其他调味品喷淋它们。他们做着烹饪的白日梦，炮制精巧的精神食物；事实上，他们中很多人以前对烹饪没兴趣如今也着迷于餐厅的职业工作。但是，试验中最令

1　参见 www.choosemyplate.gov/food-groups/ for more information.

2　如果你不想浏览整个 1585 页的研究（为什么不呢？），请查看托德·塔克（Todd Tucker）撰写的更好读的《伟大的饥饿实验：营养学家安塞尔·季思和渴望科学的人》（*The Great Starvation Experiment:Ancel Keys and the Men Who Starved for Science*）。

人惊讶的方面是，人们的这些症状是在再喂食阶段达到峰值，而不是在饥饿阶段。他们表现出几乎与厌食症患者一样的行为，包括对于一些人来说，尽管他们正在挨饿，但仍然抵制食物。

季思的研究很重要，部分原因是它表明了营养不良影响的是整个生物机体，大脑、心理以及身体都深受影响。它表明饮食失调的传统观点——认为它是以控制和自觉为中心的心理疾病——是误导性的、不完整的，或是完全错误的。[1]

季思对食物的兴趣及其对人体生理学和心理学的影响仍在继续，导致他在 20 世纪五六十年代走上了另一条不同的道路。他还观察到，随着第二次世界大战期间欧洲粮食稀缺，人们死于心脏病的人数也减少了。他得出结论认为，较高水平的膳食脂肪和胆固醇与心脏病、中风和死亡有关。[2]他深信发达国家的心脏病水平之间的相关性，饮食趋于包含更多饱和脂肪，这并非偶然，季思成了一个狂热的反对脂肪的改革者，并开发了一个公式（称为"季思等式"，Keys equation），声称预测一个人胆固醇的升降水平取决于这个人吃了多少脂肪和胆固醇。[3]他对鸡蛋、黄油和肉类等食物的污蔑引发了我们当下对这些食品的文化恐惧，且仍旧在影响我们的饮食方式，人造奶油和蛋类替代品的市场如此强劲便是证明。

在 McGovern 委员会使用季思关于食物的结论来塑造他们的营

---

1 不幸的是，治疗专家花了数十年的时间才将季思的发现纳入他们对饮食失调的理解中，许多治疗师仍然抵制饥饿的心理过程会影响思维、感觉、个性以及身体健康的观点。

2 詹森·安德雷德等：《安塞尔·季思和油脂假说：从早期的突破到目前对血脂异常的管理》，发表于《不列颠哥伦比亚医学》，2009 年第 51 卷，第 2 期，第 66—72 页。

3 妮娜·泰丘兹：《最大的惊喜：为什么黄油、肉和奶酪属于健康的饮食》，纽约：西蒙 & 舒斯特，2014 年。

养建议（吃更少的脂肪，吃更多的碳水化合物！）之后，美国食品生产商和消费者就跟上了这一潮流。营养学家盖里·陶比思（Gary Taubes），《好卡路里，坏卡路里：脂肪、碳水化合物和有争议的饮食和健康科学》（*Good Calories, Bad Calories: Fats, Carbs, and the Controversial Science of Diet and Health*）的作者，后来接受了《前线》（*Frontline*）杂志关于 McGovern 委员会使用的营养建议的采访。正如他解释的那样，"这种观点认为碳水化合物可以被过量食用，不会导致体重增加，对心脏健康和理想节食都有益。"[1] 低脂食物成了礼节上的需要、食单中的必需品。只有将近四十年后的今天，我们才开始稍稍重视和审视"低脂是否总是健康的必要条件"这个问题。我们意识到，低脂趋势几乎与二十年来美国人体重增加是共时性的。也许我们对脂肪的恐惧产生了完全意想不到的后果。

自从季思提出他的等式以来，我们已经了解到很多关于食物、营养和新陈代谢的复杂性。但是我们吃东西的方式以及我们对饮食的思考——严重滞后，并只反映了其中的一些细微差别。"我们现在更胖因为我们吃得更多"，这个想法被大多数人所坚信，许多营养专家也一致同意。然而，一些研究不断地发现，我们的饮食量并没有比我们三十年、五十年前有实质上的增加。[2] 事实上，西方国家的儿童和青少年，尤其是女孩，现在吃的卡路里实际上比以往要少。[3]

1　《节食战争》，发表于《前线》，2004 年 4 月首播。

2　迈克尔·嘉德，简·怀特：《肥胖流行病：科学、道德与意识形态》，牛津：劳特利奇出版社 2005 年版，第 114—115 页。朱莉·古斯曼：《体重：肥胖，食物公正，以及资本主义的局限性》，牛津：劳特利奇出版社 2005 年版，第 114—115 页。朱莉·古斯曼：《体重：肥胖，食物公正，以及资本主义的局限性》，伯克利和洛杉矶：加利福尼亚大学出版社 2011 年版，第 93—95 页。

3　M. F. 罗兰·卡舍拉，F. 贝利叶，M. 德黑格：《生活在西欧的青少年的营养状况和食物摄入量》，发表于《欧洲临床营养学》，2000 年第 54 期，S41-S46 页。

即使我们的饮食量比过去多一点，但这仍不是造成体重增加趋势的原因，因为我们所吃的东西与我们的体重之间的关系远比卡路里的摄入与消耗要复杂得多。早在 1989 年，世界上最受尊重的两位体重研究人员，社会学家杰弗里·索博（Jeffery Sobal）和精神病学家 A. J. 斯图卡特（A. J. Stunkard）总结道："即使在实地研究中仔细监测食物摄取量和能量消耗量，能量摄取量与体重之间的关系也是很微弱的。"[1] 换句话说，你吃的东西并不一定与你的体重相关。有些人每天可以摄入 3000 卡路里的热量但绝不会增加 1 盎司；其他人则每天吃 1200 卡路里而努力维持着现有的体重。（如果你已经经历了几次节食减重后反弹的循环，每天摄入的卡路里的量可能会更低。）其他因素发挥的作用比我们想象得要多。

你和我可能会吃同样的食物，但是我们的身体处理卡路里和营养物质的方式非常不同，这可以归咎于很多因素，包括甲状腺功能良好、肠道细菌菌落的大小和类型、节食的频率，你父母和祖父母的体重，基因构成，你的运动量以及其他因素。

学习和食物共生
凯尔希（Kelsey），25 岁，就职于约翰·霍普金斯大学

我非常喜欢食物，所有不同种类的食物都喜欢。我喜欢水果和巧克力以及任何你能想象得到的东西。不幸的是，我真的不喜欢它们对我的身体所造成的影响。我会说我的体型是处于平均水平的，也许稍重了一点儿。但据我的医生说，我属于肥胖并且需

---

1 杰弗里·索博，A. J. 斯图卡特：《社会经济地位与肥胖：一项文学回顾》，发表于《心理学公报》，1989 年第 105 期，第 260—275 页。

要减掉二十磅。

这并不是说我没有试图减肥。我曾是一个瘦小的孩子，但我认为我很胖，所以我开始节食。我看着我爱的母亲，她是一位有氧运动的教练，从十五岁开始她的体重就没有变过。我见到过她曾对我的一个非常瘦弱的姐妹感到非常自豪。

在我高二的时候，我想为了跳好环形舞而保持身材，所以我不再吃东西。我告诉妈妈，这是因为吃东西让我感到不舒服，这部分上确实是事实，我对食物对我身体发生的作用而感到恶心。最悲哀的是，即使我脸色苍白，眼底下有巨大的紫色眼袋，人们却告诉我我看起来很棒，这让我自我感觉良好。我看起来很病态，但是因为那里的模特就是这副样子，人们认为那很漂亮，我却觉得非常恶心。

无论如何，在我决定需要食物之后，我吃了又吃，直到比我开始减肥之前重了 20 磅才作罢。所以这并不是我想要的方式。今天我更重一点儿，但我大部分时间都很自信。我有一个很爱我身体的男朋友，我也爱我的身体。这可能不符合美国女孩被期待的标准样子，但身体是我的，我很珍惜它。我只希望更多的女孩可以有与我同样的感受。

有趣的是，其中一个因素是享受，这似乎是代谢过程的一个不可或缺的部分。我们越享受食物，我们的身体就越有效地利用其营养。在 20 世纪 70 年代进行的一项经典实验中，泰国和瑞典的研究人员为来自每个国家的志愿者提供相同的辛辣泰国餐，然后测量每位志愿者从这一餐中吸收了多少铁元素。泰国志愿者比瑞典志愿者从膳食中吸收的铁多出 50%；研究人员假设，对所摄入的食物熟悉并喜欢它，帮助泰国女性更有效地消化食物。在下一阶段的研究中，研究人员选用了完全同样的食物，将其调成糊状，再次给志愿者吃，这一次，泰国女性吸收的铁比以前少了很多，大概是因为捣成泥的食物没有实际食物那样美味开胃。[1]

这看起来很奇怪，但想一想，消化过程实际上是在你张嘴吃东西之前开始的。当我们看到并闻到吸引我们的食物时，我们的唾液腺开始工作，准备把第一口食物咬下来。当一顿饭看起来或闻起来不太好时（如糊状物），这些腺体需要更长的时间才能投入使用，而且我们不会将食物完全代谢。

所以，即使我们可以通过手术去除味蕾，我们也不会真的想要这么做。食物看起来、闻起来、尝起来很好，都是出于同样的原因，即大脑的下丘脑向人体发出饥饿信号：确保我们定期吃、吃得饱，以便足够维持自身的生存和繁殖。我们目前对饮食和食欲的担忧常常使我们无法享用美食——我的意思是真正享受它，并不只是狼吞虎咽掉那些被禁止的食物——而且具有讽刺意味的是，还可能会导致暴饮暴食。如果你几乎没有意识到你在吃饭，你在饭后也不会觉得满意。

不久之前在飞机上，我坐在一位苗条女士旁边，她大部分时间都在看书。最后我们开始聊天，我问到她看的书。

她热切地抬起头来，"这本书讲的都是糖如何杀死我们的事，"她说，"你知道这实际上几乎是我们吃的所有东西吗？你能相信，这就是让我们变得如此肥胖的原因吗？"她一直聊啊聊，带着一种近乎皈依

---

1 L.何露白等：《东南亚饮食的铁吸收》，发表于《美国临床营养学》，1977 年第 30 期，第 539—548 页。

者的热情，谈到"高果糖玉米糖浆"(high-fructose corn syrup,HFCS)正如何毒害我们的孩子、扭曲我们的味蕾，并使我们都肥胖。好吧，反正是让其他人变肥胖。

她聊的内容与她的热情于我而言都有一种疼痛的熟悉感。这么多年来我们一直在寻找体重的替罪羊；小麦，因其富含谷蛋白和糖，尤其含有高果糖玉米糖浆（HFCS），是一长串食物中最新的一种用来丑化和减少我们饮食的食品。亚马逊出现了很多书，题目都是这种：《糖和面粉：它们如何让我们疯狂、病态、肥胖以及我们如何应对》(*Sugars and Flours: How They Make Us Crazy, Sick and Fat, and What to Do About It*)，《修正糖分：泛滥的高果糖使你发胖》(*The Sugar Fix:The High-Fructose Fallout That Is Making You Fat*)，《小麦腹部：减小麦，减体重，重回健康之路》(*Wheat Belly: Lose the Wheat,Lose the Weight, and Find Your Path Back to Health*)。我们的体重问题要责怪我们对加工食品、快餐食品和垃圾食品的现代品位，这一观点得到了许多专家的推崇，如哈佛大学教授大卫·路德维希（David Ludwig），他写下了《结束食物战争：指导你的孩子在快餐/假食品的世界中保持健康的体重》(*Ending the Food Fight: Guide Your Child to a Healthy Weight in a Fast Food/Fake Food World*) 这本著作。路德维希认为，如果我们少吃精制谷物（白面粉、面条、玉米面）、糖和薯类制品，并做出"其他一些生活方式的明智选择"（他没有具体解释），我们都会瘦，[1]或者至少比现在瘦一些。（这个讨论中很少有人提到的事实是，我们比五十年前吃更多的水果和蔬菜，现在我们可以全年接触到这些食

---

[1] 大卫·路德维希，马克·费里德曼：《总是饥饿? 这就是原因》，发表于《纽约时报》，2014年5月16日。

物。）[1]

必须要讲清楚：我不为大食品公司工作，我不是快餐或加工食品的粉丝，也许因为我是大量地吃这两类食物长大的（舞女雪球，Hostess Sno Balls，魔犬，Devil Dogs，大米与罗尼，Rice a Roni，肯德基，Kentucky Fried Chicken——这些还只是我一下子想到的）。总的来说，我不喜欢这些东西的味道，这些食品经常让我昏昏欲睡。我从十六岁开始就没有喝过含糖或无糖饮料，比起果汁和其他热量饮料我更喜欢喝水。我吃很多水果、蔬菜、坚果、乳制品、鱼、鸡和全谷物食品，不仅因为它们营养丰富，还因为我喜欢它们的味道和品尝它们时的感觉。

"加工食品"（processed foods）一词实际上有点误导性，因为我们吃的大部分食品或多或少是以某种方式加工的（面包、酒、奶酪、咸菜、巧克力和一般的烹饪食品）。[2]也许考虑包装食品或深度加工食品要更有用一些，它们是我们节食的一部分，它们的存在历史比我们大多数人知道的要久。例如，反式脂肪，直到最近才在加工食品中添加了标志性成分，第一次出现是在1911年的杂货店货架上，伴随克罗斯克（Crisco）品牌推出的。[3]自20世纪二三十年代以来，沃登面包（Wonder bread）、糖果棒（candy bars）、商品粮（commercial cereals）、美式软奶酪（Velveeta）和其他包装食品一直存在。麦当劳于1940年在加利福尼亚州的圣贝纳迪诺创立，1963年销售了十亿个汉堡包，在

---

1 罗兰德·斯图姆，安·若鹏：《肥胖与经济环境》，发表于《临床医学的癌症》，2014年第64期，第337—350页。

2 参见科学美国人的娱乐：《加工食品：两千年的历史》，在其2013年9月提出的议题。

3 《反式脂肪的上升和下降：部分氢化油的历史》，发表于《洛杉矶时报》，2013年11月7日。

我们体重开始集体增加之前麦当劳存在已近二十年。[1] HFCS 在 20 世纪 70 年代中期进入食品主流，尽管它今天比当时更普遍。

我并不是说深度加工的食品对我们有益，或者我个人想要吃更多这类食品（或者认为其他人也该如此）。相反，我倾向于避免它们，因为它们营养价值很低，而且不对我的口味，味道不佳。以 HFCS 为例，吃 HFCS 推荐食品的老鼠比吃蔗糖（餐桌上的糖块）的老鼠增加了更多的体重，也飙高了甘油三酯，因此 HFCS 实际上可能是内分泌干扰物，它改变了我们的新陈代谢。[2] 当然，我们不是老鼠，动物研究可能会产生误导。[3] 但毫无疑问，我们吃了比以前多得多的各种各样的糖，这要归功于"食品工程师"，他们知道如何批量制造迎合我们口味的"食品"。[迈克尔·莫斯（Michael Moss）的书《盐\糖\脂肪：食品巨头是如何勾住我们的》（*Salt Sugar Fat: How the Food Giants Hooked Us*）为此情况提供了很好的解释。][4]

我们可能会以禁用 HFCS 来收尾（我希望我们能这样做）。但值得记住的是，尽管我们非常渴望找到替罪羊，但是深度加工食品显然并不是糖尿病、脂肪肝疾病和其他现代健康问题的唯一推动因素。贫穷、耻辱，以及其他内分泌干扰物和污染物共同起到了作用，HFCS 和大

---

1 法国女性不可能会变胖，但有 2% 法国人每天都吃麦当劳，法国的快餐连锁店比欧洲其他任何地方更赚钱。

2 米利亚姆·E.博卡斯里等：《高果糖玉米糖浆会导致老鼠肥胖》，发表于《药理学、生物化学和行为》，2010 年第 97 期，第 101—106 页。

3 H.巴特·范·德等：《疾病的动物模型对人类研究是否具有可靠性》，发表于《公共科学图书馆·医学》，2010 年 3 月 30 日。

4 设计生产那些让我们不能停嘴的食物的制造商通常也生产减肥食品。英国《卫报》（*Guardian*）的雅克·佩雷蒂（Jacques Peretti）写了一篇文章，披露了这种难以置信的相互矛盾。"食品行业有一个直白的目标，那就是出售食品。"他在 2013 年写道，"但是生产减肥食品的终极矛盾是你'吃进'这些东西来'减重'——这基本上是一个不可能实现的循环。但我们会购买。"

食品公司让我们对食物有刻板的、混乱的、恐惧的情绪，这给我们带来了生理和心理双重损害。当我们关注 HFCS 和大食品公司带来的长期伤害时，我们可能也遗漏了其他因素。正如我的学生指出的那样，我们现在不知道如何高兴地吃东西，如何才会不陷入内疚、自我厌恶或危险的体重控制行为中。我们需要有意识地限制我们的饮食（或者尝试着去做，当我们失败时会感到羞愧），我们需要对食物保持警惕，我们需要遵守别人提出的饮食规则，不管它们是来自节食手册、某位营养学家或《纽约时报》(New York Times)，这些准则已经深深扎根于我们的文化心理之中。

这些规则以能想象到的各种方式让我们变得更糟，节食和对食物的恐惧使我们变得更胖、更加沮丧、更加执迷。

不久之前，一位名叫爱丽丝·希金斯 (Iris Higgins) 的催眠治疗师在《赫芬顿邮报》(Huffington Post) 上发布了一封信，在脸谱网 (Facebook) 上引发了两万三千多人的分享，分享者都抱着一种"当我遇到这种情况的时候"的心情。这篇文章标题为《向我所有的减肥客户公开道歉》(An Open Apology to All of My Weight Loss Clients)，在信中，希金斯写到她之前在一家知名的商业减肥诊所工作时，她教客户各种各样的技巧以维持 1200 卡路里的饮食计划。"用蔬菜来饱餐一顿，"她写道，"从一碗肉汤开始，你喝的水够多吗？你的运动量够吗？"

希金斯为以帮助客户减肥的名义而所做的事情继续道歉。这是一个非常坦率的目录，任何一个减过肥的人，无论有没有参加过"膳食计划"或减肥公司的项目，对此都会相当熟悉。她写道，她对她告诉客户的"谎言"而感到后悔，比如说每天摄入 1200 卡路里的热量是健康的，并解释说她并没有玩世不恭地试图欺骗他们或向他们出售一些东西：

> 我曾经相信灌输给我们的那些谎言，就像你相信的那样。这不仅仅是公司把它们灌输给我，还有医疗顾问委员会的医生和注册营养师也这么说。媒体和杂志也确认了我所告诉客户的那些事。一份巴掌大小的瘦鸡肉和半个红薯，再加一份沙拉，就"足够"了。不论你吃过此餐之后有没有"渴望"。"渴望"是存在着潜在情感问题的标志。是的，它们确实是。这"渴望"表明你的身体需要更多的食物，而你却忽略了它。它们表明你的1200卡路里的节食是胡说八道，它们表明你被愚弄了。

从事了三年减肥工作之后，希金斯写道："我感到很抱歉，因为你们中的许多人健康地走进来，却带着饮食紊乱、失调的身体形象走出去，感到自己是一个'失败者'。你们中的任何一人从来都没有失败，是我辜负了你，减肥公司辜负了你，我们的社会辜负了你。"[1]

希金斯后续出版了数本不含麸质（gluten-free）的烹饪书，但她没有接受过正规的营养培训。这可能使她更容易批评她认为的破坏性食物规则和饮食模式。另一方面，营养学家和营养师往往更多地投入减肥模式和对食物非黑即白的观念中。[2]我与营养学家的交流——通常是跟我女儿一起，或在她与厌食症苦苦挣扎时我代表她去——通常没有

1　爱丽丝·希金斯：《向我所有的减肥客户公开道歉》，发表于《赫芬顿邮报》，2013年8月16日。参见 www.huffingtonpost.com/irishiggins/an-open-apology-to-all-of_b_3762714.html.
2　迈克尔·艾莉森（Michelle Allison）是个明显的例外，他在加拿大执业，并在 www.fatnutritionist.com 上写作。

什么效果，或者效果更差。我需要像营养学家一样去向女儿解释基于什么科学依据大脑和身体需要脂肪。我希望，如果我的女儿很清楚地理解了她需要摄入一定量的脂肪的原因，那么她就可以利用这些知识来帮助她克服她在饮食失调中所感受到的恐惧。

营养师坐下来，清了清喉咙，对我们说道："你的大脑和身体都需要脂肪。"她停顿了一下，我们等着下文。我的女儿看起来焦虑不安。漫长的沉默。这个营养师再次尝试。

"你需要脂肪在你的身体里，"她说，然后又急匆匆地补充，"但不要太多！"

哎呀，我相信一些专业人士可以在不惊慌的情况下给我的女儿内幕消息。但我也知道，许多人和这个营养师一样仍然持有同样的偏见，即使她们没有宣之于口。食物具有固有的道德成分的观念，我们是执行的。我们在吃（或不吃）时也会这样做，这种想法已经成为一种文化基因，一种引发自动反应的传染性文化理念。

当我女儿生病时，我看到了一个极端的例子。某些食物是"安全的"，它们都是低脂或无脂的：撒盐脆饼、无脂酸奶、葡萄、胡萝卜条、日本拉面。其他食物会吓到她，它们通常是高脂食物：鳄梨、奶酪、各类甜点、面食。看着她这样让我意识到了我自己，我也将食物分类，尽管没有我的女儿分得那么严格或极端。对我而言，水果和蔬菜感觉"安全"，而甜甜圈和阿尔弗雷多白脱奶油面，它们的包装上印了骷髅头（似乎是给消费者一种暗示：若发胖了后果自负哦）。我内心判断好食物/坏食物的一般准则，很长时间内都与我女儿的判断准则相同，虽然刻度不同。（例如，我对蛋糕或香蒜酱没有任何不好的感觉，但这两种食物的脂肪含量都较高。）

我们每个人可能都有自己相当于甜甜圈和奶油面那样的食物，我们认为这些食物是禁食的，碰都不能碰的，它们甚至是危险的。毫无疑问，我们的国家饮食有很大的改善空间，特别是在儿童中。"如果我们看行为举止，瘦弱的孩子和超重的孩子就没有多大不同。"北卡罗来纳大学的阿什利·斯金纳（Asheley Skinner）说："归根结底，这个国家的大多数孩子都饮食糟糕、运动量不足。"

但是，现行的营养教育的大部分内容基本上是以恐惧为基础的，让我们害怕吃那些营养不那么丰富的食物。这种营养教育已经奏效了，在一定程度上，即我们很多人都害怕这些食物，但这并不意味着我们已经变成了健康的食客。相反，只要讨论还被限制在二分法的框架内——"食物是好还是坏""我们吃特定食物是好还是坏"——我们中的许多人会一直从光谱的一端跳到另一端——剥夺自己或暴饮暴食，吃得"健康"或"不健康"。从定义上看二分法缺乏细微的差别；它们非黑即白，但非黑即白的思维对人类来说并不好。如果这种二分法是好的，我们大多数人都会遵循美国农业部最新的食品推荐标准（无论好坏）而不会有任何抱怨或动摇。

好食物/坏食物的二分法也会导致其他问题。我们在食物和饮食方面得到的相互冲突的信息已经引起了我们对吃什么、吃多少以及如何准备食物的文化焦虑。加入一套新的严格的食物规则可能会让一些人患上"健康食品症"（orthorexia），[1] 这种对"健康"或"干净"的痴迷，可能导致人们害怕吃任何他们认为不健康、含有人工成分的"污染"食品。但是，你不必被正式诊断为健康食品症也可以体会到这些

---

[1] 仅吃健康食品所引发的饮食失调病症。——译者注

感觉。

卡洛琳（Carolyn），32岁，来自爱达荷州桑德波因特市，她仍记得第一次决定为吃得"干净"而放弃所有食物组的情况。她那时候五岁，一级专业体育老师告诉她，她胖了，于是她放弃了糖。十五年内经历了多次节食之后，一位心理治疗师威胁她，除非她改变饮食习惯，否则不会与她一起工作。"她告诉我，除非我清理身体，否则我不可能做心理工作"，卡洛琳回忆道。她开始只吃生食，对她丈夫能吃的、不能吃的、能否带回家的食物都制定了严格的规则。她加入了"戒食会"（Overeaters Anonymous），这加剧了她在饮食方面的刚性标准，她最终成了该项目的发起人。"我整天都在打电话，"她现在说，"人们会打来电话来问，'我有一块口香糖，我发现它含糖。我该怎么办？'"

最后，卡罗琳找到一位营养师，帮助她卸下自己对饮食的沉重感和日常生活中的种种包袱。"花了好几年的时间我才一定程度上破除了所谓的'好食物和坏食物'的心理定式，学会再次吃东西。"她说。

这是需要时间的，因为在这种文化中，许多因素都强化了对紊乱饮食的默认。其中一个因素是肥胖的医疗化。随着医生越来越深入地参与诊断和治疗体重问题，他们已经（无心地或有意地）将食物和饮食进行了健康/不健康的二元区分，他们将自己的一系列特殊的冲突和关注带入了对话。我们真的该看看医疗、金钱是如何塑造我们对食物、饮食和体重的想法、感受和行为的。

第四章

金钱、动机和医疗器械

> "当一个人的报酬取决于他并不知情时，很难让这个人去知晓这件事的内情。"

> ——厄普顿·辛克莱 (Upton Sinclair)，《我，州长候选人，是如何被打倒的》
> (*I, Candidate for Governor: And How I Got Licked*)

不久前，我去了医院，乘电梯时遇到了一名减肥外科医生。他衣着得体，面带微笑，看起来四十岁上下，手拿一盒甜甜圈。我并不知道他是减肥外科医生。当时他没穿白大褂，也没有戴身份牌。但是我们下了同一层电梯，这一层是减肥病房与重症监护病房 (ICU)。我们往同一个方向走去，我看到他走近一群护士（巧合的是，全都是女护士），他把甜甜圈放到一个小碗里说道："这是给你们这群可爱淑女的礼物。"他转过身，认出我是电梯里的那个人，便向我解释道："一直得寻找新客户啊。"他轻抚着自己平坦的腹部，朝我转了转眼睛，好像在说"我可想象不出自己吃甜甜圈的样子"，然后离开了。

这次邂逅困扰了我许多天。首先，医生都认为（无论是否在开玩笑）：吃甜甜圈会使人发胖，出了体重问题全都应该是个人的责任，最好对糖果、碳水化合物以及脂肪通通说"不"。这困扰了我：对一个尤其是治疗肥胖病人的医生来说他不是应该最懂这个了吗？他伪善的平坦肚皮暗示着他看待甜甜圈的可怕想法以及对吃甜甜圈的人的蔑视。然而最让我困扰的、自从那天起一直让我不解的是他那自私自利的犬儒主义。你能想象一个肺外科医生把香烟当作"礼物"吗？或者是肝脏病学家成瓶地分发伏特加？即使他们真这么做了，他们会翻着眼睛表示"抽烟、饮酒、进食的人都是傻子，但这有利于我的生意"吗？

我知道这家减肥外科只有这一个医生，也许他碰巧是个混蛋。我敢肯定有众多由衷关心自己病人的减肥医生，他们也不会开这样低俗的玩笑——至少我希望如此。

然而我同样明白，减肥医生非常非常赚钱，特别是 2009 年医疗保险覆盖了一些减肥手术之后。在 2000 年，美国大约做了 3.7 万台减肥手术，到了 2013 年，这个数字上升到了 22 万。"如今，每家医院都希望开展减肥项目，如此多的肥胖人士在寻求手术减肥机会，"写过关于金钱与医疗文章的宾夕法尼亚州伊利市的家庭医生布拉德利·福克斯（Bradley Fox）说，"减肥手术生意兴隆。需求相当大。"

其他减肥项目也是摇钱树。作为一个国家营利项目，"医学减肥中心"（The Center for Medical Weight Loss）不断铺开的广告战即可证明。新闻提要写着"詹妮·克雷格（Jenny Craig）[1] 没有上过医学院""减重如何提升了我的家庭生活"、"每个月将你的实际收入提高 2 万美元"，这些广告试图招募医生将中心的项目纳入他们的实践中。减肥中心开始运营是 2011 年年末，这并非偶然，恰好是医疗保险宣布将医生监督下的肥胖治疗纳入覆盖范围的时间。[2]

---

1 著名肥胖人士，花了八年减重并成为了许多减重项目的代言人。——译者注
2 安德鲁·纽曼：《引诱医生支持一个减肥计划》，发表于《纽约时报》，2011 年 12 月 27 日。

　　减肥是一项大生意，而且，因为长远来看它很少彻底成功，所以它建立了一个内置的重复客户需求。长期以来，医生们一直以这样或那样的方式参与这一事业。大约两千年前，希腊医生和哲学家盖伦（Galen）诊断"坏体液"（bad humors）是造成肥胖的原因，他为超重病人开出诊方：按摩、沐浴和"减轻体重"的食品，如绿色食品、大蒜以及野外游戏。在 20 世纪早期，随着体重计变得更加精确和可负担得起，每次看病时，医生都开始惯例性地记录下病人的身高和体重。[1]20 世纪 20 年代，当医生开始给健康人开甲状腺药物以使其更苗条时，减肥药成为主流。[2]在 20 世纪 30 年代出现了 2,4- 二硝基苯酚（2,4-dinitrophenol,DNP），然后是安非他明、利尿剂、泻药和芬 - 芬这样的减肥药，所有这些都只在短期内起作用，并会导致轻则情绪烦闷重则致命的各类副作用。

　　1942 年，一个人寿保险公司发明了一套图表，成为北美最广泛引用的体重标准，也使得全美对体重的执迷达到了极大的高峰。大都会人寿保险公司对美国和加拿大近 500 万份保单中的年龄、体重和死亡数字进行了分析，以此来创建"令人满意"的身高和体重图表。人们（和他们的医生）第一次可以将自己与他们"应该"成为的标准体重数值进行比较。

　　相比于过去，越来越多地使用了诸如"肥胖的"（adipose）"超重的"（overweight）和"过度肥胖的"（obese）等听起来更临床的专业术

1　迈克尔·嘉德，简·怀特：《肥胖流行病：科学、道德和意识形态》，牛津：劳特利奇出版社 2005 年版，第 179 页。

2　罗伯特·普尔：《脂肪：对抗肥胖流行病》，牛津：牛津大学出版社 2001 年版，第 189 页。

语[1]，新术语强化了只有医生才可以（才能够）解决体重问题的观念。例如，"超重"一词指代"超过"，意味着你超过了"正确的"重量。"肥胖"一词来源于拉丁语"肥胖"（obesus），或"吃胖为止"，轻松地传达出临床气氛和一种熟悉的道德审判感。

到了 20 世纪 50 年代，好莱坞最红的美人是性感的玛丽莲·梦露（Marilyn Monroe）和伊丽莎白·泰勒（Elizabeth Taylor），医学界对女性美丽的标准却采取了迥然不同的态度。1952 年，纽约市营养局局长诺曼·乔立夫（Norman Jolliffe）博士在美国公共健康协会的年会上警告医生，"一种新的瘟疫，尽管它是一种旧的疾病，已经开始侵袭我们"[2]。他预测当时美国有 25% 到 30% 的人口超重或肥胖——这个数字事实上是他编造出来的。1955 年，来自俄克拉荷马州塔尔萨的医学博士保罗·克雷格（Paul Craig）写道："除了胖男孩之外，没有人会喜欢一个胖女孩，他们会摇着步子组成胖胖家族（roly poly family）。"[3] 克雷格热衷于阅读 1907 年的一项研究，该研究声称，通过让人们每天仅摄入 800 卡路里的热量，并大量服用安非他命、苯巴比妥和甲基纤维素，最终得到了"关于肥胖问题的满意结果"。克雷格最终得出了一个不足以支撑其科研方法可信度的观点："不是所有贪婪大吃的人都会长胖，但没有一个胖男人或女人这样吃东西，除非他们说自己是土耳其秃鹰。"

1　杰弗里·索博：《肥胖症的医疗化与去医疗化》，发表于唐娜·莫勒，杰弗里·索博等：《在饮食计划中：食物和营养是社会问题》，纽约：Aldine de Gruyter 出版社 1955 年版，第 70 页。
2　诺曼·乔立夫：《把肥胖作为一个公共健康问题的一些基本考虑》，发表于《美国公共卫生》，1953 年第 43 期，第 989—992 页。
3　保罗·E.克雷格：《肥胖：根据821例对照研究得出的对其治疗的实用指南》，发表于《医学时代》，1955 年第 83 卷，第 2 期，第 156—164 页。

　　1949 年，一小群"肥胖医生"（fat doctors）创立了国家肥胖协会（National Obesity Society），这是众多致力于将肥胖治疗从边缘推向主流的专业协会中的"先驱"。1973 年，马里兰州贝塞斯达举行了第一届国际肥胖大会（first International Congress on Obesity）年会，通过此类会议，医生们传播了这样一个观点：解决体重问题是受过高度专业训练的专家的工作。加州大学洛杉矶分校的社会学家阿比盖尔·萨吉（Abigail Saguy）说："医学专家有意将肥胖划归为医学问题，这样一来，最有能力进行干预和表达意见的人便成了具有医学博士学位的人。"

　　这些医学专家认为，"任何程度的瘦都比胖健康，一个人越瘦，他或她就越健康"。华盛顿大学塔科马分校（University of Washington - Tacoma）的心理学教授妮特·玛丽·麦金利（Nita Mary McKinley）写道。[1]这种态度激发了许多治疗肥胖的新疗法，包括立体定向手术（stereotactic surgery），也被称为精神外科手术（psychosurgery），包括对"严重肥胖"患者下丘脑造成烧灼损伤。[2]20 世纪七八十年代，作为另一种侵入性的手术方式，下颌金属线缝术（Jaw wiring）甚是风靡。但它很快就失宠了，也许是因为当人们开始吃东西了它就会停止工作。（布鲁克林至少有一名牙医仍在推广这种疗法。）[3]

　　减肥手术是目前世界医学中对于肥胖治疗取得的最新进展。虽然这种手术现在比十年前更安全，但仍然会导致许多并发症，包括饮

1　《理想的体重/理想女性：社会构建女性》，发表于杰弗里·索博，唐娜·莫勒等：《重大问题：肥胖和消瘦是社会问题》，纽约：Aldine de Gruyter 出版社 1999 年版，第 97—116 页。
2　弗莱明·专德：《针对肥胖的立体定向手术》，发表于《柳叶刀》，1974 年第 303 期，第 267 页。
3　泰德·罗斯坦：《牙科专业人士在治疗病态肥胖的过程中所起的作用——没有！》，2013 年 1 月 14 日。2014 年 10 月 24 日访问 www.drted.com/OJW%20NYSDJ%20articles%20Dec04.html.

食失调、长期营养不良、肠道堵塞和死亡。"减肥手术是野蛮的，但这是我们最好的方法，"阿拉巴马大学的戴维·B.安利森（David B. Allison）博士说："我希望我们能在未来的某个时候回顾过去，然后感慨'真不敢相信我们这么做了。'"

这些手术的长期成功率很难分析，它们形式迥异，且都刚出现不久。有一种腹腔带手术（lapband surgery），即"腹腔镜可调式胃部捆扎"(laparoscopic adjustable gastric banding)，将可充气气球带子用外科手术方式固定在胃部周围，这些气球可以膨胀或收缩，以此控制带子对胃部的限制程度；有一种"袖状胃切除术"（sleeve gastrectomy），患者的部分胃被切除，剩下的部分形成一个只能容纳少量食物的小管子；还有一种"十二指肠转位术"(duodenal switch)，将大部分胃切除，小肠也被部分改变，以此使食物改流，远离肠道，卡路里和营养也就无法再被吸收；最后一种叫胃旁路手术（Roux-en-Y gastric bypass），它是最受欢迎的手术之一，该手术同样涉及肠道的重新定位与构造，将胃重塑为一个小小的容器，使其一次只能容纳很少的食物。

乐观估计表明，大约有一半接受过减肥手术的人会重获一部分或全部体重。[1]一些医生说，手术可以治疗2型糖尿病[显然用"缓解"（remission）一词可能更为合适，因为许多病例复发了]，因此可以节省医疗保健费用。2013年的一项对3万例病例的调查显示并未

1　迈克·克鲁斯曼等：《肥胖患者的饮食、体重和心理变化，在胃旁路手术后8年》，发表于《美国饮食协会》，2010年第110期，第527—534页。N.V.克里斯托，D.卢克，L.D.麦克林：《经历短期和长期胃旁路手术后的病人体重增加了：一项追踪超过了十年的研究》，发表于《肥胖外科》，2008年第18期，第648—651页。

发现有所节省，[1]也许是因为手术费用昂贵——据美国国立卫生研究院（National Institutes of Health）的数据，手术费用在1.2万美元至3.5万美元，且需要大量的后续护理。

减肥越是被重新定义为医学专业人士才能插手的"肥胖治疗"，医生越能从中获益。随着对疾病定义范畴不可避免地扩大，医疗化（medicalization）将导致更多的诊断；更多的诊断必然会带来更高的收入和利润。我对医生赚钱没有什么反对意见，我希望我的医生因他们的专业知识和奉献精神而受到嘉奖，我希望他们业务精湛。

不过，对于如此多的研究受到利益驱动并投入肥胖的治疗，我确实有所不满。随着最近医疗薪资的缩减，许多医生开始寻找其他的收入来源，他们的确找到了。减肥外科医生和其他内科医生拥有减肥治疗中心和诊所，他们从代餐公司和制药商那里获得持股或资金。他们拥有外科手术经验，或者是做减肥手术的医院的合作伙伴。这些投机行为引发了利益冲突，会直接影响到病人。

一些医生辩称，参与这些所谓的附属服务（subsidiary services）——比如拥有一个减肥手术中心——意味着更好地照顾病人，因为他们能够监督和指导治疗，并能提供更好的持续性护理。但研究结论并不支持这一点。事实上，在医生所有的诊所里，病人的就诊次数会增加50%，但不会得到更好的护理。[2]这一点并不让人格外吃惊，其实，专业的医疗机构多年来一直在警告医生们"两处捞钱"的危害。"一种观点认为，医生在商业影响的基础上提供医疗建议，

1　乔纳森·P. 温纳等：《肥胖手术对肥胖症患者保健费用的影响》，发表于《美国医学会》，2013年第148期，第555—562页。

2　约翰·米切尔，汤姆·罗格·萨斯：《医生对辅助服务的所有权：是间接需求诱导还是质量保证？》，发表于《卫生经济学》，1995年第14期，第263—289页。

不仅可能损害病人的信任，而且还会违背'将病人的福利置于自身利益之上'的医生承诺。"美国医学学会—美国内科医师学会 2002 年的一份意见书写道。[1] 皮尤慈善信托基金会 (Pew Charitable Trusts) 列出的一份最佳实践建议的清单显示，学术性的医生和行业之间应建立明确、牢固的界限。[2] 美国国家科学院 (National Academy of Sciences) 的一份报告坦率地表示，"内科医生作为医院法人的权益，与病人的利益构成了冲突。"[3]

是的，尽管这并不能阻止他们这么做。有些人认为，告诉病人这种潜在的有利可图的关系会让医生们变得有道德。"所有医生都有冲突，所有研究也是，"学习医学研究的宾夕法尼亚大学医院放射肿瘤学教授贾斯汀·贝克尔曼（Justin Bekelman）说，"但医生们应该坦白他们的商业利益。如果一位医生说，'我向你推荐这个，但你应该知道，我持有这家公司的股票，因为我相信这家公司。'我相信这不会败坏医生的名声，也不会破坏医患关系。"

附属服务是困扰医疗行业的几种利益冲突之一，只是减肥问题尤为突出。2013 年 6 月一个凉爽的下午，来自全国各地的数百名医生涌入芝加哥凯悦酒店 (Hyatt Regency Chicago) 的大宴会厅，遇到了这些矛盾中最基础的一个问题。在美国医学会 (American Medical Association) 年会的第三天，他们在那里就一份组织政策清单进行了投票——乏味但必不可少的流程。但那天的投票中，有一项可能会引

1　苏珊·科伊尔：《药企与医生的关系，第一部分：个人医生》，发表于《内科医学年鉴》，2002 年第 136 期，第 396—402 页。

2　《学术医疗中心的利益冲突政策》，皮尤慈善信托基金会的一份报告，2013 年 12 月。

3　伯纳德·罗，玛丽琳·J.菲尔德等：《在医学研究、教育和实践中存在利益冲突》，华盛顿特区：国家科学院出版社 2009 年版。

发争议，不仅影响着会场，还将冲出大宴会厅的墙壁波及各地。第420号决议简单而有力："美国医学会承认肥胖是一种疾病状态，在病理生理学的诸多方面需要采取一系列干预措施来促进肥胖治疗和预防。"

这个问题——是将肥胖本身归类为疾病，还是继续认为它只是导致诸如2型糖尿病之类问题的致病风险因素——多年来一直在组织内部和外部被讨论着。几个月前，美国医学会要求它自己的科学和公共卫生委员会去探索这个问题；委员会提出了5页的意见，建议出于一系列原因，肥胖不应该被正式标识为一种疾病。

委员会说，首先，肥胖并不适用于医学疾病的定义。它没有任何症状，而且并不总是有害的——事实上，对某些人来说，在某些已知的情况下，它甚至是保护性而非破坏性的。

其次，根据定义，"疾病"包括身体正常功能的失常。但许多专家认为，肥胖——身体将热量储存为脂肪——是一种对环境的正常适应机能（如饥荒时期），这在人类历史的大部分时期确实如此。在这种情况下，较胖的人就不会生病；事实上，他们比天生的瘦人更高效。的确，对我们这个时代的大多数人来说，食物充足，生活也更偏向久坐不动，我们也不再需要储存脂肪。但这仅仅意味着环境变化的速度超过了我们的适应速度。身体还在做它应该做的事，所以你怎么能把它叫作疾病呢？

美国医学会委员会还指出了肥胖和疾病、肥胖和死亡率之间的相关但非因果的关系。凯瑟琳·弗莱加尔（Katherine Flegal）和其他人一再证实，体重增加往往与寿命延长有关，这再次反驳了将肥胖称为"疾病"之说。最后，委员会担心将肥胖医疗化可能对病人造成潜在伤害，将体重问题变成耻辱，并将人们推向不必要的、最终无用的——"治疗"。[1]

AMA 的会员不同意委员会的意见；他们以压倒性的票数通过了第 420 号决议。我咨询了该组织的主席、传染内科的医学博士阿德斯·霍文（Ardis Hoven），希望她能帮助我理解，尽管委员会提出了建议，会员们为什么还是这样投票。她不愿直接与我交谈，而是通过一位发言人回复了我："美国医学会长期以来一直认为肥胖是一个主要的公共健康问题，但今年 6 月通过的这项政策标志着我们第一次认识到肥胖由于其流行和严重性而成为一种疾病。"

换句话说，因为肥胖广泛存在，所以它是一种疾病，正因为它是严重的（尽管霍文没有定义"严重"）且广泛存在，我们就应该把它看成一种疾病。这只是一种循环推理（circular reasoning），它使我们在体重问题上回到原点。

当然，美国医学会的决定还有其他可能的解释。正如科罗拉多大学安舒茨健康和保健中心主任詹姆斯·希尔（James Hill）告诉"ABC 新闻"（ABC News）的那样，"现在我们开始在报销和治疗上标准化了"。

换句话说，一切向"钱"看。医生希望为病人提供减肥治疗并得到报酬（即使这些治疗通常是失效或无效的）。例如，去联邦医疗保险

1　医疗化的趋势很少能真正帮助人们。例如，1952 年版本的精神疾病诊断与统计手册（DSM-1）将同性恋划分为一种精神障碍，导致艾森豪威尔总统的联邦政府禁止招聘同性恋员工，参议员乔·麦卡锡（Joe McCarthy）声称军队中的同性恋带来了安全风险，使得反对同性恋的偏见在美国社会有所增加，直到六十多年后的今天才悄悄蒸发。

(Medicare) 办公室进行编码是一个复杂的过程，包括被审查的身体系统数量和被建议过的疾病数量。"每次我们与人进行 20 分钟会面，我们都会进行全面体检，因为我们得到的报酬会更高，"布拉德利·福克斯（Bradley Fox）解释说，"如果有人因为手指上的倒刺儿问题来找你，你还是会问他是不是胸口疼。做的诊断越多，你就越能增加你的编码。"因此，举例来说，如果医疗保险行业与美国医学会一致将肥胖定义为一种疾病，甚至那些只是向病人提及体重的医生可能就会比不这样做的医生收到更高的费用。

与该领域一些人捍卫冲突的经济利益（financial conflicts of interest）相比，这种程度的贪婪是微不足道的。几乎所有肥胖研究人员都从行业中拿钱，无论是制药公司、医疗器械制造商、减肥外科手术，还是减肥项目。这种做法不仅限于那些默默无名的人。1997 年，由美国国立卫生研究院 (National Institutes of Health，NIH) 挖掘的九名医学专家组成的小组投票，将超重的 BMI 指数从 27(男性 28) 降至 25。一夜之间，数以百万的美国人成为了超重者——至少根据国立卫生研究院的数据是如此的。该小组认为，这一变化使 BMI 指标符合了世界卫生组织 (World Health Organization) 的标准，且 25 这样的"整数"将更容易让人们记住。

他们没有说的，也是没有必要说的事实是，降低体重指数的方法使更多的人进入超重和肥胖的类别，从而使得更多的人够资格去接受治疗。更多的就诊病人意味着新的市场，从医生、医院到制药公司，当然还有研究人员，每个人都可以赚到更多的钱。

1997 年的研究小组由哥伦比亚大学教授泽维尔·派 - 桑耶尔 (Xavier Pi-Sunyer) 领导，该教授有着长期从减肥行业获利的历史。事实上，九名小组成员中有八人存在着冲突的经济利益。[1] 派 - 桑耶尔也许是最糟糕的，他列出的一长串公司，读起来就像是减肥界的名人录，包括制药巨头"美国礼来制药厂"(Eli Lilly)、"英国葛兰素史克制药公司"(GlaxoSmithKline)、"竞技场药业"(Arena)、"瑞士诺华制药公司"(Novartis)、"丹麦诺和诺德制药公司"(Novo Nordisk)、"阿斯利康制药公司"(AstraZeneca)，"阿米林制药公司"(Amylin Pharmaceuticals)、"奥克斯根治疗剂公司"(Orexigen Therapeutics)、"赛诺菲 - 安万特制药公司"(Sanofi-Aventis) 以及"维福斯生物制药公司"(VIVUS)。[2] 当被问及这些关系可能如何影响他的研究的客观性时，派 - 桑耶尔为自己的行业进行了辩解，他对《纽瓦克星报》(Newark Star-Ledger) 一名记者坚称，制药公司"对我说的话没有丝毫影响"。

糖尿病前期	高血压前期	儿童期超重	儿童期肥胖
血糖 ≥ 100 (原始确诊标准：≥ 140 现行确诊标准：≥ 126)	≥ 120/80 (原始确诊标准：≥ 160/100 现行确诊标准：≥ 140/90)	BMI 值 ≥ 85 单* (原始标准：≥ 85 为"有超重风险"，≥ 95 为"超重")	BMI 值 ≥ 95 单* (以前不作为术语出现)
2003 年修订	2003 年修订	2007 年修订	2007 年修订
四倍	双倍	三倍	从 0 到有

1　《肥胖迷思的流行》，消费者自由中心，于 2014 年 10 月 24 日访问网站 www.obesitymyths.com.

2　《金钱医生》，参见网站 http://projects.propublica.org/docdollars；迈克尔·F. 雅各布森等：《给唐纳德·肯尼迪未发表的信》，发表于《科学》，2003 年 8 月 21 日；哈维耶尔·派 - 桑叶：《肥胖的医疗风险》，发表于《研究生医学》，2009 年第 21 期，第 21—33 页。参见网站 www.ncbi.nlm.nih.gov/pmc/articles/PMC2879283/；哈维耶尔·派 - 桑叶：《神经系统在导致肥胖方面的作用》，发表于医景网 www.med scape.org/viewarticle/567417，见"教员及信息披露"的讨论。

续表

糖尿病前期	高血压前期	儿童期超重	儿童期肥胖
需要干预的市场体量	需要干预的市场体量	体重范围被当作可干预的市场，可干预的人口市场体量双倍增加	有了新的可称呼的儿童疾病类型，"三分之一的儿童超重或肥胖"
美国成人 8.3% → 40%	美国成人 30% → 60%	美国儿童 16% → 33%	美国儿童 0 → 16%

* 单位值采用 1975 年数据标准

　　来自哈佛医学院的医学教授、波士顿摩根健康政策研究所的主任埃里克·坎贝尔（Eric Campbell）说，派 - 桑耶尔的态度相当典型。"如果你问医生一个'与制药公司有关系'这种情况是否会影响他们的工作，他们几乎都说不会，"坎贝尔解释说，"但如果你问他们'与制药公司有关系'这种情况如何影响了他们的同事，他们会说这对他们有负面影响。"换句话说，我足够聪明，不会那么不坚定，但其他医生不行。[这很像所谓的"第三人效应"（the third-person effect），即人们认为他们自己不受媒体信息的影响，但其他不够警惕的人会受影响。]

　　这些行业关系带来的额外优待是多种多样的，从变相的低价广告（比如价值 5 美元的冰箱磁贴）到高价项目（比如价值几十万美元的研究支持）。事实证明，小恩惠比大项目更能改变医生的思维和行为。"如果我说我要给你 10 万美元，你会怀疑我要干什么，"坎贝尔说，"如果我给你一支印着'哈佛'的 10 美分的铅笔，你会想，'这不会对我产生影响，它这么微不足道。'"可是你错了。正是因为较小的优待看起来是无伤大雅的，它们才更可能发挥更大的效用。

事实上，优待究竟是大是小其实并不重要，重要的是这些礼物能加强制药公司和医生之间的关系。根据前辉瑞公司销售代表、现任普林斯顿大学人类学教授迈克尔·奥达尼（Michael Oldani）的说法，这种关系就是一切。[1]"作为一名代表，你必须建立信任和融洽的关系，"他告诉《普林斯顿每周公报》（*Princeton Weekly Bulletin*），"你在这个行业做了这些事情，而底线（bottom line）是你需要医生开具处方——这其实才是头号目的。"[2]

这些关系使医生和制药公司之间建立了一种义务感，这种义务感可以说是微妙、甚至是隐形的，但它影响是深刻的，它让医生改变了开处方的习惯。[3]2003年，生物伦理学家达纳·卡茨 (Dana Katz)和宾夕法尼亚大学的同事发现，即使是制药公司送的看似微不足道的小礼物，比如记事本、午餐和旅行报销，也会让医生产生一种义务感，强化他们对捐赠者的忠诚。药品公司将这些礼物费用实际作为销售费用来进行财务编制自然是有理由的。[4]埃里克·坎贝尔说："否认这些关系的影响无异于否认地心引力的存在。"

然而，医生和研究人员，就像派-桑耶尔一样，否认了这些影响。

1　迈克尔·奥达尼：《厚处方：对药品销售实践的解释》，发表于《医学人类学》，2004年第18卷，第3期，第325—356页。

2　埃里克·基尼奥内斯：《一个处方的变化》，发表于《普林斯顿每周公报》，2003年第92卷，第25期。

3　马克·弗里德贝格等：《对肿瘤学中使用的新药物经济分析中的利益冲突评估》，发表于《美国医学会》，1999年第282期，第1453—1457页。贾斯汀·贝克曼，燕李，凯瑞·P.格罗斯：《在生物医学研究中引起的经济利益冲突的范围和影响：系统审查》，发表于《美国医学会》2003年第289期，第454—465页。托马斯·博登海默：《不稳定的联盟：临床调查员和制药产业》，发表于《新英格兰医学》，2000年第342卷，第20期，第1539—1544页。理查德·A.戴维森：《临床试验的资金来源和结果》，发表于《普通内科医学》，1986年第1期，第155—158页。

4　德纳·卡兹，亚瑟·L.卡普兰，乔恩·F.迈兹：《所有的礼物都是大而小的：厘清制药行业送礼的道德规范》，发表于《美国生物伦理》，2003年第3期，第39—46页。

所以他们是腐败吗？还是（不可能的）天真？也许真相介于两者之间。坎贝尔观察到，制药公司真的非常非常擅长操纵内科医生。"他们告诉医生，嘿，这对你没有影响，"他说，"但所有实证数据都显示，影响真实存在。"

其他研究已经一再证明，参加过制药公司讲演的医生会比那些没有参加的医生更经常地开出公司的药物——即使他们事先被提醒过可能会产生这种潜在的可能性。[1] 显然，知道自己可能被动摇并不能阻止你真正被动摇。"我们可以肯定地说，"坎贝尔说，"这些关系有利于制药公司达成最低目标、动摇影响了医生们的行为。因为如果医生们不会这样做的话，公司就不会投资他们。"不管医生多么有道德、有教养、专业化，他们仍然是人类，他们不可避免的、必然而然的私心会让他们（像我们所有人都可能的那样）对自己的偏见和冲突的经济利益视而不见。[2]

一些减肥领域的顶级医生和研究人员有着明目张胆又千丝万缕的行业联系，他们能有其他的解释吗？例如，路易斯安那州立大学彭宁顿生物医学研究中心临床肥胖和代谢科主任乔治·布雷（George Bray）最近与人合著了一篇文章，声称药物是肥胖症治疗必需的一部分，因此，我们需要开发更多的肥胖症药物。[3] 鉴于缺乏减肥药的长期有效性的跟踪，你可能想知道布雷的观点从何而来。他披露的部分财务信

1　杰森·德纳，乔治·陆文斯汀：《从社会科学的视角看产业给医生的礼物》，发表于《美国医学会》，2003 年第 290 期，第 252—255 页。

2　杰森·德纳：《心理研究如何为处理医疗利益冲突的政策提供信息》，发表于《在医学研究、教育和实践中存在利益冲突》，华盛顿特区：国家科学出版社 2009 年版。

3　乔治·A.布瑞：《为什么我们需要药物来治疗肥胖症患者》，发表于《肥胖》，2013 年第 21 卷，第 5 期，第 893—899 页。参见 www.nature.com/ijo/journal/v32/n7s/full/ijo2008230a.html.

息透露出一点线索：奥克斯根治疗公司开发了新型减肥药 Crave，该公司开出的顾问费正在接受美国食品和药品管理局的审查；减肥药 Meridia 的制造商雅培实验室（Abbott Labs）于 2010 年退出市场，因为该减肥药增加了心脏病和中风的风险；葛兰素史克公司，快验保公司；阿米林，拥有多项肥胖症治疗专利的 Theracos 公司；以及生产 fl 代餐产品的康宝莱（Herbalife）公司。[1] 这只是部分列表，即使是最优秀的医生也可能受到这些广泛而深远的关系的影响。

医生认为我在撒谎

特里（Terri），38 岁，纽约市的一名银行查账员

十一岁时，我跟着阿姨开始了人生第一次节食，这让我有成为大人的错觉。在接下来的 25 年里，我的体重不断出现剧烈的减重与反弹。有一段时间，我和一个注重养生的人约会，他总是吃一些疯狂的食物，而且经常带着我一起吃。我的体重在 122 磅和超过 250 磅之间不断反弹，我的身高是 5.2 英尺[2]。

我开始去看医生，这个医生对减肥这件事很坚定。我们讨论了一些方案。之后我照她说的做了，但什么都不管用。我尝试了只摄入部分卡路里，并增加了锻炼，然而我的身体还是老样子。我的身体对这些措施无动于衷。医生认为我在撒谎，说我没有真的做她让我做的事。在她看来，我减不下肥意味着我需要治疗。

于是我找到了一位专门研究饮食的治疗师，她是"直觉式饮

1　Per COI information in the *International Journal of Obesity*, www .nature.com/ijo/journal/v32/n7s/full/ijo2008230a.html.

2　相当于 158 厘米。——译者注

食"（intuitive eating）的强烈支持者。在她的辅助下我开始减肥和锻炼，并得到了我所感觉到的最健康的身体。我降到了 215 磅，虽然仍然很胖，但对我来说这个体重让我觉得很自然。如果我没有搞砸我的新陈代谢，也许我会变得更娇小。

我希望自己不要再节食了。有时，我发现自己再次陷入其中，心想："如果我错了，如果我做的选择不健康怎么办？""在一个如此普遍的问题上，很难站在少数派的一边。"有时我发现自己会说，"每个人都会死。"因为社会给你的信息是：如果不节食，你就会死。

医学期刊同样可能受到偏见的影响。2013 年，享有盛誉的《新英格兰医学杂志》(*New England Journal of Medicine*) 发表了一篇文章《关于肥胖的迷思、假设和事实》(*Myths, Presumptions, and Facts about Obesity*)，这篇文章 (而非一项调研或原创研究) 承诺要澄清肥胖问题。这篇文章的一些"迷思"显得有点言不由衷，比如质疑性行为消耗的热量 (据作者计算，这一数字接近 1500，而非 300)。其他的说法就没那么有趣了。作者们回避了体重循环与死亡率之间的显而易见的联系，称其"可能是由于混杂的健康状况"造成的——其实表达的是"我们确实知道回避这种联系是不对的，但我们没有理由不去这样做"的意思，这篇文章里的"事实"(facts) 包括代餐 (就如珍妮·克雷格体重管理公司提供的食品)、药物和减肥手术。

《新英格兰医学杂志》是为数不多将披露财务信息与文章一起发布的期刊 (许多期刊是将这些信息隐藏在网络上或者根本不去操作)，所以很容易看到 20 个作者中有 5 个披露了自己得到的津贴、咨询费，或从南海节食代餐（及其他产品）的制造商卡夫食品董事会成员那里拿到了钱。20 人中有 3 人从珍妮·克雷格体重管理公司拿到了钱。克雷格是"珍妮烹饪"公司的食品、减肥食品和代餐品供应商。还有作者阿恩·阿斯楚普（Arne Astrup）和阿拉巴马大学的戴维·安利森（David Allison）报称接受了来自多家公司的付款，包括制药、外科器械制造商、世界糖业组织（World Sugar Organisation）、红牛和可口可乐基金会。正如一位业外评论人士所评论的，"我认为，毫无疑问，这些关系影响了文章的内容，这样不太好。不然如何解释作者刻意突出和莫名其妙遗漏在论文中的'事实'呢？"[1]

我问安利森，他如何回应这些认为利益冲突影响了研究人员和医生的评论。"我的感觉是，这根本不是一种批评，"他告诉我，"这和任何人对其他任何人提出一个想法没什么不同，'我想评论一下你具有这个背景或个性、这种性取向、体重、性别或种族'。这都是不相干的啊。这些冲突我们是公开出来的，我们没有隐藏它们，我们并没有为有这些冲突而感到羞愧。你的观点是什么？"

事实上，这不是所谓"我的观点"。大量的研究表明，利益冲突绝对会影响医生的执业方式，无论是公开的还是不公开的，无论医生相信与否，也不管他们是来自大型制药公司还是其他机构。

如果你仍然对大型制药公司的意图有任何疑问，可以通过看连载报纸商业专栏里的文章谈公司如何提高减肥药物的销售量来加深理解。在指出了一些因"心血管副作用事件"（adverse cardiovascular events）而退出市场的药物后，作者得出结论，医生们发现减肥药的风险超过

1　乔治·布德维尔：《肥胖药物的悖论》，发表于《傻瓜投资指南》，2013 年 11 月 25 日。

了它们潜在的益处。"照这样下去，前途可想而知，"他写道，"每个制药商都必须努力改变这种普遍看法。"[1] 注意这里的措辞。他并不是建议制药公司让他们的药物更安全，而是让医生相信它们更安全。我不知道你是怎么想的，但这让我想质疑药品制造商嘴里所说的每一个字。

肿瘤学家本杰明·德杰贝戈维奇 (Benjamin Djulbegovic) 对医疗利益冲突了如指掌。这位南佛罗里达坦帕大学的医学博士和内科教授多年来一直在研究和撰写这个问题。[2] "这不是我们是否有冲突的问题，"他说，"我们都被定义为有冲突，对我而言，这个问题变成了'机制 (mechanism) 是什么？'"

有些机制是在幕后进行的，除非你主动寻找，否则无法发现（有时甚至寻找了也无法发现）。而制药公司用来歪曲研究结果的一些策略远远超出了合理的范围。最常见的一种方法是操纵研究的方法论，或者研究的建模与推理过程，以此改变研究的结果。一家制药公司为了同竞争对手的旧药竞争而进行新药测试时，可以故意操纵结果，比如，对新药物进行高剂量测试，而对老药则使用低至非治疗性的剂量来测试。信不信由你，在所有行业赞助的药物试验中，有大约一半的试验都用了这种把戏。[3]

公司经常拒绝发表那些会让他们的产品不被看好的研究。德杰贝戈维奇说，只有一半的药物试验被发表，其余的都被各种具有创造性

1　乔治·布德维尔：《肥胖药物的悖论》，发表于《傻瓜投资指南》，2013 年 11 月 25 日。

2　本杰明·D：《不确定性原理和行业赞助研究》，发表于《柳叶刀》，2000 年第 356 期，第 635—638 页。霍华德·曼，本杰明·D：《比较的偏见：为什么比较必须解决真正的不确定性》，发表于《英国皇家医学会》，2013 年第 106 期，第 30—33 页。本杰明·D 等：《医学研究：试验的不可预测性产生可预测的治疗效果》，发表于《自然》，2013 年第 500 期，第 395—396 页。

3　保拉·罗尚等：《一项关于非甾体抗炎药治疗关节炎的研究》，发表于《内科医学档案》，1994 年第 154 期，第 157—163 页。

的方式扼杀了。制药公司资助了美国 70% 的研究；美国国立卫生研究院资助了另外的 30%。[1] "如果你想做一个减肥手术，而 5 次手术试验的负面信息从来没有发表过，你肯定会对这个手术的效果产生误解。"德杰贝戈维奇解释说。

资助者通常控制原始数据，公司可以对研究人员隐瞒这些数据——他们也确实这样做了。[正如一位匿名的公司高管解释的那样："我们不愿提供数据磁带，因为一些研究者想要把数据带到它们本不应该去的地方（即得出一些制药公司不乐意看到的结论）。"]他们雇用"代笔人"（ghostwriter）从材料中搜寻有用信息，撰写研究文章，得出公司的产品看起来很好的结论。代笔人通常是专业的医学作家，他们的名字从来没有在报纸上出现过。如果研究人员试图公布公司不喜欢的结果，他们会被威胁要采取法律行动，制药公司也确实这么做了。他们将发表前的审查过程延续几个月，希望研究人员会感到沮丧并放弃发表。他们直接撤资，要么以此相威胁。当研究人员不同流合污，他们可能会故意诋毁这些科学家。[2]

另一个流行的策略是干涉疾病的定义和治疗这些疾病的指导方针。通常情况下，执业医生小组会共同制定指导方针，包括何时、何地、如何、以及在多大程度上治疗他们医疗专业特有的这些疾病。因此，例如，美国内分泌学院（American College of Endocrinology）和美国临床内分泌学家协会 (American Association of Clinical Endocrinologists) 这两个专业组织，发布了指导方针，详细说明 2 型糖尿病应该如何治

---

1 博登海默：《不稳定的联盟》，2000 年。
2 同上。

疗。[1]理论上，这些专家小组的医生会考虑到所有的证据，并提出不带偏见的建议。实际上，它并不总是这样操作的。2012年，《密尔沃基前哨报》(Milwaukee Journal-Sentinel) 进行的一项调查发现，在该报调查的20个专家小组中，有9个小组里超过80%的医生与制药公司有商业关系。[2]这是整个医药产业对医疗专业的影响。

其他类型的冲突可以精妙地（或直白地）形容专业人士如何看待和谈论体重与健康。例如，许多顶尖的肥胖医生和研究人员都写过减肥书籍。澳大利亚研究人员阿曼达·塞恩斯伯里-萨利斯 (Amanda Sainsbury-Salis) 去年呼吁对超重和肥胖人群的身体积极性（body positivity）进行"紧急反思"。[3]他撰写了《拒绝饥饿节食法：科学减重，永不反弹》(The Don't Go Hungry Diet: The Scientifically Based Way to Lose Weight and Keep It off Forever)。哈佛大学的沃尔特·威利特（Walter Willett）撰写了《吃喝与健康：哈佛医学院健康饮食指南》(Eat, Drink, and Be Healthy: The Harvard Medical School Guide to Healthy Eating)。大卫·路德维希（David Ludwig）、罗伯特·卢斯蒂格（Robert Lustig）、约尼·弗雷德霍弗（Yoni Freedhoff）、大卫·卡兹（David Katz）、詹姆斯·希尔（James Hill）、尼古拉·阿雯娜（Nicole Avena）、大卫·赫伯（David Heber）——肥胖研究中一些最著名的专家——都有减肥书籍或减肥项目要售卖。

1　海伦·W.罗巴德等：《美国临床内分泌学协会／美国内分泌学会关于2型糖尿病的共识小组的声明：一种血糖控制的算法》，发表于《内分泌实践》，2009年第6期，第540—559页，www.project inform.org/pdf/diabetes_aace.pdf.

2　约翰·法布尔，艾伦·加布勒：《与制药公司有联系的医生影响治疗指南》，发表于《密尔沃基哨兵报》，2012年12月18日。

3　阿曼达·塞恩斯伯里，菲莉帕·海：《呼吁对"各种尺码都健康"概念进行紧急反思》，发表于《饮食失调》，2014年第2期，第8页。

其他"专家"在治疗肥胖症方面建立了学术和临床声誉。阿尔伯塔大学 (University of Alberta) 教授、经常被媒体引用的艾莉亚·沙玛 (Arya Sharma) 和宾夕法尼亚大学的托马斯·瓦登 (Thomas Wadden) 等国际知名的医生都得到了成百万的资助金，并把自己的职业生涯押在了病人持续的减肥需求上。如果减肥模式一朝发生转变，他们损失的将不只是金钱，可能是满盘皆输。

本章开头所说的拿着甜甜圈的那个医生，只是众多专业医生中将经济赌注押在体重与健康的关系之上的其中一位而已。而且，让我们面对现实吧，钱在医学、商业和生活等方方面面都一言九鼎。但是甜甜圈医生同其他研究和治疗体重相关问题的专家们在体重和健康上采取了另一个特殊的视角，扭曲了他们对体重和健康的看法，也因此改变了我们的视角：他们不喜欢肥胖，在许多情况下他们也不喜欢肥胖人士，他们并不羞于展示自己的这个观点。

事实上，路德中心的丽贝卡·普尔 (Rebecca Puhl) 说，医学专家们在体重上的偏见高出天际，甚至影响到了他们的研究和临床判断："体重偏见仍然是非常、非常能被社会接受的，"身材修长、黑发、神情拘谨的普尔说。她研究过的医生、护士和医学院学生，甚至不屑于去像掩盖种族主义或性别歧视一样试图掩饰他们对体重的态度。"这些已经不再政治正确（politically correct）了，"普尔说，"但是有了体重偏见，他们就不需要哄骗别人了。我可以出示他们坦率的自我调查报告，其中显示了他们的态度，简直让人吓一跳！"他们根本不会因为说一些贬低胖子的话而感到惭愧。

例如，在普尔对初级保健医生的调查中，超过半数的医生将他们的肥胖病人描述为"笨拙、缺乏吸引力、丑陋和不听话"的人。三分之一的医生更为夸张，他们说这些病人"意志薄弱、迟钝、懒散[1]。"普尔及其他研究者的一系列研究已经证实了这些发现：医生们觉得肥胖病人比瘦病人更烦人，更加不可能从治疗中获益。[2]护士说他们被肥胖病人"击退"（repulsed）了。[3]在最近的一项调查中，超过半数的护士认为超重的人不如苗条的人友善、成功或健康。[4]心理学家也对超重患者表现出明显的蔑视，认为他们的身体机能较差、性满意度较低、健康受损更严重、比瘦弱的患者更不容易好转。[5]

我对这些发现并不感到惊讶，部分原因是我听过很多医学专业人士毁谤肥胖患者的故事。与我交谈过的一位女士看到她的房间外挂着急诊室的白板，上面写着"鲸鱼"一词。医学院的学生说，在手术室里，大家经常用"在肥胖病人的身体皱褶中找到奥利奥或电视遥控器"来开玩笑。一个医学院的学生告诉研究人员，有个医生在手术台上对一个女人说："老天爷，你为什么不能减掉一些该死的体重，让我的工作轻松一点呢？"甚至外科团队其他一些平时很不敏感的成员也被他这话吓坏了。幸好这名女子当时是没有知觉的。[6]

另一方面，许多医生过分抬高了瘦弱，让纤瘦的病人也受到了伤

1　丽贝卡·普尔，切尔西·A.霍伊尔：《肥胖的耻辱：回顾与更新》，发表于《肥胖》，2009年第17卷，第5期，第941—964页。

2　M.R.赫比，J.诉：《权衡护理：医生对病人体形大小的反应》，发表于《国际肥胖和相关代谢紊乱》，2001年第25期，第1246—1252页。

3　丽贝卡·普尔，凯里·布朗奈尔：《偏见、歧视与肥胖》，发表于《肥胖研究》，2001年第9期，第788—805页。（原文在附录部分标注的是第9卷，第12期，与此处标注的有歧义。——译者注）

4　佩吉·瓦尔德-史密斯，在美国护士协会2014年会议的一个海报中展示。

5　K.戴维斯-科埃略，J.华尔兹，B.戴维斯-科埃略：《在心理治疗中对肥胖客户的偏见和预防》，发表于《专业心理学：研究与实践》，2000年第31期，第682—684页，还有丽贝卡·普尔的电子邮件。

6　德里斯·韦尔等：《取笑病人：医学生的认知，以及在临床实验中使用贬损和玩世不恭的幽默》，发表于《学术医学》，2006年第81卷，第5期，第454—462页。

害。当我父亲中风并住院几个星期时，几乎每个医生和护士见到他时，第一件提到的事就是他的体重。"他是个好病人，"一位护士评价道，"不胖。他肯定有好好照顾自己的健康。"没有一个人费心去问我父亲的饮食或运动习惯；如果有的话，他们会知道他从不锻炼，而且经常不吃饭——这简直就是最不健康的养生法。

即使是致力于研究或治疗肥胖症的医生也不喜欢肥胖病人。在2003 年的一项研究中，减肥医生说他们坚信自己的病人懒惰、愚蠢、毫无价值。[1]（傻到吃医生给的甜甜圈？我对此表示怀疑。）想象一下一个神经学家对她的病人这么说，想象一下你会去找一个对你有这种感觉的医生看病是什么情景？无论是否直白地说出来，你都会注意到它。正如医学博士、哈佛大学营养学教授乔治·布莱克本（George Blackburn）几年前指出的那样，[2] 许多疾病可能涉及某种程度的个人责任，他列举了高胆固醇、肺癌和运动损伤的例子。布莱克本写道，有这些症状的人去看医生时，"都会接受常规治疗，而不会被问及他们的生活方式"。可对于那些体重哪怕仅仅超过一点点"正常"BMI 指数的人来说，情况并非如此。[3] 这就解释了为什么超重和肥胖的女性总想拖延或回避去看医生，[4] 因而更少去做巴氏涂片、乳房 X 光检查和其他

1 马琳·施瓦兹等：《肥胖专业健康专家的体重偏见》，发表于《肥胖研究》，2003 年第 11 期，第 1033—1039 页。
2 乔治·布莱克本：《治疗肥胖症：个人、经济和医疗后果》，发表于《虚拟导师》，2011 年第 13 期，第 890—895 页。
3 有一个完整的网站专门介绍与有偏见的医疗专业人士接触的个人经历，叫作"首先，不要伤害"。参见 http://fathealth.wordpress.com.
4 C. L. 奥尔森，H. D. 舒马赫，B. P. 杨恩：《超重的女性会延迟医疗》，发表于《家庭医学档案》，1994 年第 3 期，第 888—892 页。

常规的癌症筛查，[1] 这可能反过来有助于解释更高的 BMI 指数与癌症死亡之间的关系。[2]

为什么医学专业人士对肥胖和肥胖人士有如此大的偏见？医生和我们其他人一样生活在同一个世界，所以大家会受到同样的文化、态度和偏见的影响。然后，也可能涉及自我选择的过程。"与普通人群相比，肥胖研究人员和医生更经常是瘦人，"阿什利·斯金纳（Asheley Skinner）指出，"他们不太可能有肥胖经历。瘦人会倾向于认为：'既然我能瘦，为什么你不行？'"

如果你认为医生有权从自己的角度来看待体重，想想这个：随着肥胖症的治疗和预防已经获得了合法性并进入了医学主流领域，越来越多的人被医生推着去减肥，鼓励他们把减肥视为一个医学问题。对于其身体本就比男性受到更多凝视（也更容易受到评判）的女性来说，这可能会对她们的健康护理产生深远的影响。[3] 丽贝卡·普尔的一项研究发现，女性只要平均增重 12 到 13 磅，就会开始遭受体重歧视。（男性的体重要重很多才会成为被歧视目标。）[4]

因此，增加一点体重——无论是缺乏锻炼、吃垃圾食品、服用精神药物，还是单纯的更年期综合征——你可能会发现，从网球肘到抑郁症等任何突然出现的健康问题都"自然而然地"与你的体重有了关系。你的医生可能不相信你对自己饮食和运动习惯的描述，这反过来

1　N. K. 亚米等：《对白人和非裔美国肥胖妇女进行常规妇科癌症筛查的障碍》，发表于《国际肥胖》，2006 年第 30 期，第 147—155 页。

2　尤金妮娅·卡勒等：《未来美国成年人中的身体质量指数和死亡率》，发表于《新英格兰医学》，1999 年，第 341 期，第 1097—1105 页。

3　K. 琼斯：《服务人员因体重歧视而降低了肥胖患者的护理质量》，未发表的论文，2010 年。

4　R. M. 普尔，T. 安德洛墨达，K. D. 布劳内尔：《对体重歧视的看法：美国种族和性别歧视的流行与比较》，发表于《国际肥胖》，2008 年第 32 期，第 992—1000 页。

可能会改变他或她开处方的方式。[1] 因此，医患关系势必会遭到破坏，而这是任何治疗的关键部分。

医生对体重的偏见也有其他形式。2010 年，6 岁的克劳戴莉·戈麦斯 - 尼卡诺尔（Claudialee Gomez-Nicanor）由于超重被儿科内分泌专家（一种儿童糖尿病方面的专家）误诊为 2 型糖尿病，最终不治身亡。诊断医生阿琳·梅尔卡多 (Arlene Mercado) 要求女孩减肥，当她体重减轻时，医生停止了对她的血液监测。梅尔卡多唯一的诊治方案就是节食和锻炼，这些确实起到了效果，因此她认为没有必要一直检测。

如果梅尔卡多继续进行血液检查，她就会发现，即使克劳戴莉的体重减轻了，她的血糖水平还在继续上升。她就能意识到，克劳戴莉实际上患上的是 1 型糖尿病，这是一种自身免疫性疾病，需要立即用胰岛素治疗。几乎可以肯定，如果她这样做的话，这个 6 岁的孩子就不会陷入糖尿病昏迷而早早离世。

我的医生不愿碰我
凯特（Kate），38 岁，纽约大学人类学专业在读研究生

在我还是个孩子的时候，我的儿科医生和母亲就共同密谋来干预我的体重。我患有哮喘，常年服用肾上腺皮质激素，所以体重增加是无可避免的。但所有人都在关注我怎么做错的、说我需要做更多的运动。让我感到的都是羞愧和内疚。我记得在我七八岁的时候，医生痛苦地捏我的胃，当时我可能是有点超重，但并不胖。我的母亲太胖了，这就是大家所害怕的，我会"变成我母

---

1 普尔，霍伊尔：《肥胖的污名化》。

亲那样"。

当我开始在萨克拉门托（Sacramento）找初级护理医生看病时，我已经被诊断出患有强直性脊柱炎——一种自身免疫性疾病。我的医生和我说话时会坐在房间的另一头。27 岁时，我的腋下长了一个皮脂腺囊肿，而且越来越大，我有些担心，所以我进去给他看，结果他不愿靠近我。我说，"我需要确定这是什么，我很惶恐"。他去拿了一只手套和一些纸巾。就在那一刻，我意识到他从来没有听诊过我的呼吸，也没有碰过我。

上次我需要看一个新的医生时，我采取了不同的做法。我去见医生，并告诉他："我有一种慢性疾病需要治疗。在因为体重而被品头论足这件事上，我经验丰富。我正在尽我所能保持健康，所以我需要知道你对胖子的看法。"我就这样经历了四个医生。当我询问他们如何看待我的问题时，他们显得充满戒备。他们说："我肯定我们可以好好相处。"我说："你的声调告诉我，你有问题，如果我让你成为我的医生我就没法再来了，所以我要去找别人试试。"

最后我找到了一个很好的医生。我越是坚守自己与医疗保健提供者建立高质量关系的权利，我得到的医疗保健就越好。有时它甚至意味着踢打和尖叫。

根据疾控中心的数据，每 5000 名 10 岁以下的儿童中就有 1 人患有 1 型糖尿病，然而每 25 万儿童中才有 1 人患有 2 型糖尿病。[1] 费城

1　疾病控制与预防中心：《2014 年国家糖尿病统计报告》，于 2014 年 10 月 24 日访问网站 www.cdc.gov /diabetes/pubs/estimates14.htm.

的儿科内分泌学家克雷格·奥尔特 (Craig Alter) 查阅了克劳戴莉的记录，他后来告诉陪审团："如果你告诉我有一个患有糖尿病的五岁小孩，那么他们患上 1 型糖尿病的概率大概是 99.99%。如果你告诉我他们肥胖，我会说，好的，概率是 99.7%。几乎可以肯定是 I 型。"[1]2 型糖尿病虽然很严重，但与 1 型糖尿病相比，它的病情远没那么紧急，它们需要完全不同的治疗方法。虽然也可能有其他的问题导致了误诊，但医生的体重偏见显然要承担主要责任。

克劳戴莉的死是可以避免的，也是令人心惊的。（陪审团发现梅尔卡多存在医疗失当，并判给了克劳戴莉的母亲数百万美元。在我写本书的时候，梅尔卡多仍然在治疗病人。）虽然这可能是体重偏见影响医疗的一个极端例子，但它并不是孤例。

几年前，我给一群儿科医生做了一个关于饮食失调的演讲。我的本意是要对早期症状和新疗法提升反省意识，因为儿科医生通常是第一个发现孩子患有饮食失调的专业人士。一些医生乐于接受，做笔记，问问题，但有几个人双臂交叉、面色阴郁地坐着，或故意把目光移开。直到一位满头银发的儿科医生站出来，我才知道为什么："我诊所里的孩子既有肥胖也有 2 型糖尿病。"他挑衅地说道，仿佛这样就可以全盘推翻对饮食失调的潜在担忧："我的病人太胖了，不是太瘦。"

当然，医生关心糖尿病是正确的。无论是自体免疫类的 I 型，还是更多与年龄和肥胖有关的 II 型，糖尿病是一种毁灭性的、可能危及生命的疾病。虽然 2 型糖尿病确实与肥胖有关，但我们仍然不知道到底是先有增重还是先有疾病。现在儿童患上 2 型糖尿病的状况在增长

---

1 艾伯特·萨马哈：《类型错误：埃尔姆赫斯特医生的 2 型糖尿病误诊导致一名 6 岁女童死亡》，发表于《乡村之声》，2013 年 10 月 2 日。

吗？很难说。在 20 世纪 90 年代之前，几乎没有关于儿童 2 型糖尿病的统计数据，所以没有真正的对比基础。《2014 年国家糖尿病统计报告》(*The 2014 National Diabetes Statistics Report*) 称，自 2002 年以来，20 岁以下的美国人被诊断为 2 型糖尿病的比例上升了 3%。[1] 医生现在是否更清楚儿童和青少年会发展成 II 型呢，还是他们在寻找这一联系的证据？或者这代表着疾病流行的真正飞跃？我们尚未有结论。

　　尽管确实如儿科医生所说，越来越多的孩子和青少年患上了 2 型糖尿病，但我一直在思考的问题是，我们通过减肥来降低这一比率的努力是否弊大于利。从文学、媒体和医生（"我的病人太胖了！"）等领域传来的信息洪亮而清晰，却并不怎么有帮助。到目前为止，我们有大量的证据表明，强迫孩子减肥不仅没有效果，而且会产生反作用，助长（如果不是彻底地导致的话）原本应该预防的状况出现。

　　现在肥胖已经被彻底的医学化了，治疗也得到了医疗保险的全力支持（尽管他们的记录并不尽如人意），但眼下最重要的是要明白：医生也是普通人，在某种意义上金钱是万能的，不能在不了解的情况下相信你被告知或推销的任何东西。

1　参见《关于糖尿病的统计数据：总人数，糖尿病和糖尿病前期》，美国糖尿病协会，2014 年 10 月 24 日，访问网站 www.diabetes.org/diabetes-basics/statistics/.

第五章
美丽的真相

"我怀疑自己是否真的能看清自己。有一天,我发现自己看上去不错、身材也比较苗条……第二天,我看到一个下垂的、球状的、奇形怪状的自己。除了认为自我形象是不可信赖的之外,如何才能解释这种变化呢?"

——西瑞·阿斯维特 (Siri hustvedt),《燃烧的世界》(*The Blazing World*)

"如果明天女性一觉醒来后发自内心地喜欢自己的身体,想想看该有多少行业会倒闭啊。"

——波士顿惠洛克学院社会学与妇女研究教授盖尔·丹尼斯 (Gail Dines)

在我教的关于"身体的多样性"的课程中,我最喜欢的一项作业是在学期初期完成的。我要求学生们把媒体上呈现的他们认为苗条、肥胖和"正常"的身体图像带来。"他们通常要求我给出这三种类型的确切定义,但我让他们根据自己的判断去挑选。"

关于"瘦的"形象,他们带来的是一些既苗条又漂亮的名人照片。而对于"胖的"形象,他们通常会用一些不好看的图片来描述一个关于肥胖的故事——就如夏洛特·库珀(Charlotte Cooper)的"无头胖子"(headless fatties)。

使他们为难的是"正常"类别的形象，这也是作业的重点。他们带来了从纤细到坚实的身体图像。但最具启发性的是他们对这些"正常"身材的看法。他们几乎总是觉得有必要详细解释为什么一个特定的身体符合"正常"的标准。他们形成答辩的架势，就好像班上的其他人都在等着抓住自己的纰漏。我向他们指出，这正是既隐喻又真实地发生在我们现实身体上的情况——因为你的生理性的身体如果不符合今天的美的标准就会受到被批判、被羞辱、被摒弃的威胁。这是我们所有人都感到害怕并经历过的。这个过程就如一石激起千层浪，一个生动而有启发性的讨论就此展开了。

当我们谈到作业时，我的学生们坚决否认他们对身体胖瘦的看法受到他们在网上和周围看到的内容的影响。他们告诉我他们更聪明：他们完全了解广告。他们告诉我，他们是数字时代的原住民，在这个媒体无处不在的世界里成长起来，知道如何驾驭它。他们坚信自己的观点都是发自内心的，没有被美容行业所攻陷。

我告诉他们，平均而言，北美女性所认为的她们的理想体重往往比她们在医学上的理想体重值低 13% 到 19%。[1] 德国神经学家丹尼斯·赫梅尔（Dennis Hummel）在几年前开展了一个具有启发性的实验，他向年轻女性展示她们自己的照片，这些照片经过数字处理，使她们的身体看上去稍微更胖或更瘦。然后，他让这些女性完成一系列视觉任务，询问她们对经过微调后的自己的身体形象在一系列的照片中的真实观感。

1　帕特里夏·欧文，艾丽卡·洛雷-塞列尔：《体重与体型理想：瘦是危险的》，发表于《应用社会心理学》，2000 年第 30 卷，第 5 期，第 979—990 页。

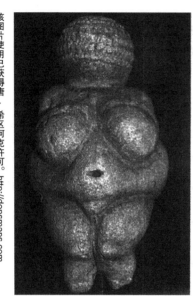

赫梅尔发现，当这些女性看到一个更瘦的自己时，她们会评断在测试中看到的其他一切角色都是更胖的，反之亦然。她们看到其他女性的身体图像后，会以不同的方式评价自己。换句话说，她们看待周围事物的习惯影响了她们对自己和对他人的感觉。[1]

这在一定程度上解释了一种现象：如果我问你上面两张图片中哪一个身体最吸引人，我们都知道你会选择哪一个。这也是我们大多数人会做的选择。

左边的图像，你们可能见过，是一个四英寸高的雕像，叫作"维伦多夫的维纳斯"（Venus of Willendorf），雕刻于大约两万七千年前。右边的图片是美国模特玛丽莎·米勒（Marisa Miller）。

---

[1] 丹尼斯·胡梅尔等：《对瘦和胖的身体形象的视觉适应转移了身份》，发表于《公共科学图书馆·综合》，2012 年第 7 卷，第 8 期。

我们选择右边图片而不是左边的原因有两个：因为我们是人类，因为我们生活在当下这个时空里。我的意思是我们都天生受到环境、先天与后天的很多因素的制约。我们的偏好是从物种生存的需要和我们特定文化的理想和标准中发展出来的，无论我们对它们是内化还是拒绝，我们都会受其影响。

让我们从先天因素开始分析。进化心理学家南希·埃特科夫（Nancy Etcoff）在《丽者生存》（*Survival of the Prettiest*）一书中指出，美是人类生存的必要因素。她在书中写道："从根本上说，对美的痴迷是一种进化上的适应，使我们评估其他人是否可能成为我们孩子的父亲或母亲。"[1] 她认为，对美的具体看法——我们个人觉得很有吸引力——使我们成为一个满足生物适应的物种，驱动着我们繁衍与愉悦。

这种看法从某种观点上看得到了证据支持。例如，我们倾向于认为对称的脸和身体比不对称的更有吸引力，也许是因为对称的身体与对疾病和寄生虫的基因抵抗力相关。[2] 这个"好基因"理论（good genes theory）表明，我们的外表标识出我们潜在的生物健康状况。匀称的脸标识着一个强大的潜在的伴侣。其他的生理性特征——丰满的乳房、强壮的颧骨、女性宽大的臀部、男性的身高和肌肉——在不同的文化背景下、不同的时代背景下这些特征都因其同样的原因而被视为一贯具有吸引力。[3]

1　南希·艾科夫：《适者生存》，纽约：道布尔迪出版社1999年版，第70页。

2　卡尔·格瑞玛，兰迪·桑希尔：《人类（智人）的面部吸引力和性选择：对称性和平均性的作用》，发表于《比较心理学》，1994年第108卷，第3期，第233—242页。

3　黛博拉·L.罗德：《美丽的偏见：生活和法律中对外貌的不公正》，朱迪斯·H.蓝罗伊斯等：《美的箴言或神话：元分析和理论评论》，发表于《心理学公报》，2000年第126卷，第3期，第390—423页。

没有证据支持埃特科夫认为美与文化相关的观点，尤其是当我们谈论体重的时候。大家可能觉得我们对美的判断是天生如此的——难道不是每个人都觉得玛丽莎·米勒比维伦多夫的维纳斯更有魅力吗？但事实上，如果你生活在两万五千年前，你可能更喜欢左边的图像。它下垂的乳房、肥胖的腹部、明显的生殖器隐喻着性、生育和健康。在旧石器时代，食物是稀缺的，没有什么比乳房、屁股敦实这些明确女性特征的肥胖身体更能说明"健康与繁殖力"了。

但对我们来说，米勒平坦的腹部、浑圆的胸部、纤细的大腿和突出的锁骨是女性美的缩影。我们生活在一个食物富足的文化中，很容易增重，而生育能力并不是一个直接的日常生存问题。就像大多数社会一样，我们通常会珍视罕见的东西而忽略平常的东西。在21世纪的美国，像米勒这样的身材是很少见的，据估计只有不超过人口中5%的人能做到那样。

我们知道这个事实就像我们知道地球是圆的、它围着太阳转一样。但我们在日常经验中仍感觉地球是平的（除非你住在山中），而且看起来太阳在早晨升起，在夜晚落下。同样的道理，我们仍然认为我们可以，也应该把我们的身体塑造成米勒的样子。

我们似乎也相信，我们当下的文化性的身体理想——代表着某种向前发展的进程的顶点——一种向更高层次的进化。我们起初有这些身材理想，是因为我们认为这就是我们应该有的样子。我们认为我们对美和身体的喜好是与生俱来的、不可避免的，我们对外界的影响是免疫的。我们只是碰巧喜欢米勒的身材，仅此而已。

但即使是粗略的回顾也表明情况并非如此。意大利研究人员保罗·波兹利（Paolo Pozzilli）通过研究历史上的绘画和雕塑来寻找疾病的线索。例如，他说，如果你仔细观察米开朗琪罗的一些雕像，你会发现他们的眼睛是肿胀的，这是甲状腺疾病、甲状腺功能亢进的典型症状。或者看看十五六世纪的圣母像，她们经常被描绘成甲状腺肿，这是碘缺乏症的一个常见标志。

波兹利尤其关注艺术如何呈现体重，以寻找这么多年来 2 型糖尿病流行的线索。他解释说："雷诺阿（Renoir）画中的女人被认为是美丽的，她们的体重指数（BMI）大约是 29。"也就是说，在 125 年前，我们现在所说的"超重"和"近乎肥胖"也被认为是理想的和有吸引力的身材。

在过去的一百年里，美国人对"美的理想身材"显然一直不断在压缩。1894 年，一位名叫伍迪·哈钦森（Woody Hutchinson）的医学教授为《大都会》（Cosmopolitan）杂志撰写了一篇文章，称赞丰满的美学美德，并告诉读者：无论经历多少节食或锻炼，他们都不太可能改变自己的体形。[1]

例如，20 世纪 20 年代早期的美国小姐选美比赛获胜者的体重指数大约为 22，[2]与此相比，在 2014 年的美国小姐选美比赛中，印第安纳州的梅凯拉·迪尔（Mekayla Diehl）被称赞拥有一个"正常"的身材，而她明显比其他参赛者更丰腴。她穿 4 码的衣服，体重指数在 18 左右，这在体重指数表上属于"体重不足"。但与其他选手相比她的健康状况算是非常好了，当时选手们的平均体重指数为一个危险的低值 16.9。[3]

1　劳拉·弗雷泽：《内部紧身胸衣：美国的肥胖简史》，发表于以瑟·罗斯布鲁姆，桑德拉·索罗威等：《肥胖研究读本》，纽约：纽约大学出版社 2009 年版，第 11—14 页。

2　珍妮·马丁：《美国理想身体形象的认知与发展》，发表于《今日营养》，2010 年第 45 期，第 98—110 页。

3　同上。

直到 20 世纪 50 年代，美国明星玛丽莲·梦露（Marilyn Monroe）穿的是 10 码的衣服，而她在当时被认为是世界上最性感的女人之一。梦露身高 5 英尺 5 英寸，体重 140 磅，她的体重指数徘徊在 23 左右——与如今苗条的标准相去甚远。[1]

我丈夫说我漂亮，但是……

香农（Shannon），33 岁，北卡罗来纳州罗利市一名社工

我从记事起就开始遭遇身体形象问题。值得记录的经典一刻是我 11 岁时，我的祖母评论我的腹部是多么平坦，这成为我人生的一个触发点（trigger point）。大约 15 岁的时候我开始节食，这也算是我与我母亲之间的一种联系吧。她终生都在节食，她很娇小但她总觉得自己胖。当我要和她一起节食的时候她特别高兴。

我节食的时候有一个相对容易的方法可以减轻体重。两年前我加入了慧俪轻体减肥中心并且减掉了 10 磅。当我不再参加的时候体重马上就反弹回来了，还额外又增加了一些。当我不节食的时候我恢复了原样：5.5 英尺高、170 磅。

我丈夫说我什么时候都是美丽的。但是当我不节食的时候，我产生了巨大的焦虑，担心自己对进食缺乏自控。我有了一种"我很胖"的心态。我节食的时候也不快乐。我自以为是地认为，我减肥是在做好事。

让我恐惧的是我不希望我的女儿也深陷节食旋涡之中。她还小，不会懂这对她而言意味着什么。但我生活在这种煎熬中，我

1　根据 2009 年 6 月 22 日 Jezebel.com 上的一篇报道，这篇报道引用了梦露的服装设计师的话。

也看着我的母亲深受煎熬，我感觉我在复制我母亲的痛苦。我不知道如何才能摆脱。

所以，的确，女性身体的文化规范在过去的几百年里被缩紧了，尤其是在西方。这一事实本身就支持了这样一种观点：身体形象是由文化建构的，关于身体的偏好是我们习得的，而这些偏好是可以改变的。但是这些身体偏好起初是从何而来的呢？这不是在一个封闭的房间里由一个委员会来决定今年理想的女性服装尺寸的问题。[1]

这就谈到了"后天因素"（nurture）的部分：我们出生、成长、观察和学习的环境。

我们的日常生活中充斥着成千上万、数不胜数的画面，描绘着难以企及的理想的纤细身体。我们看到很多如玛丽莎·米勒一样的、甚至比她还瘦得多的女性形象。我们也越来越多地看到无法企及的男性健美形象。比如，查宁·塔图姆（Channing Tatum）的身体不比米勒的"正常"。（事实上，查宁·塔图姆的身体对他自己来说都不正常。2012 年，他对《人物》（People）杂志的一位记者说："当我不训练时，我就会变得又圆又软。"）

坦率地说，意识到"我们所看到的东西塑造了我们的想法"是有点可怕的。而且这不会花很长时间：花一分钟看一个比一般人瘦的女性的照片，就足以让我们认为苗条的女性更具魅力。[2]

同样的，理解"这些想法和感知是如何变化的"也很可怕。当我

1　好吧，不夸张地说，有些人可能会认为设计师因为虚荣而设定了这个尺寸标准。

2　伊恩·D. 斯蒂芬，A. 崔施 - 马里耶·佩雷拉：《判断吸引力和健康之间的区别：暴露于模型图像会影响男性和女性的判断吗？》，发表于《公共科学图书馆·综合》，2014 年 1 月 20 日。

女儿病得最重的时候，她憔悴面容和异常瘦弱的身体在我看来是"正常的"。其他人的身体开始显得大而扭曲——尤其是我看到自己的身体，感觉它奇形怪状的。在她生病期间和之后的几年里，我一直避免使用镜子。我试着不断提醒自己，我的身体没有变胖，不是我自己的身体、是消瘦的厌食症才不正常。但我无法脱离自己的感受而自我说服，这种情况正是所谓的"爱丽丝梦游仙境综合征"（Alice in Wonderland Syndrome）[1]，这种病的病人可以超越自己的感知而告诉自己，各个身体部位正在萎缩或生长。["爱丽丝梦游仙境综合征"和"身体畸形恐惧症"（body dysmorphic disorder）都涉及大脑顶叶皮层的问题，以致一些研究者认为这些疾病是相关的。]我们本质上是视觉生物：世界上没有足够的词语来抵消成千上万张照片对我们的影响。

文化在其他方面也塑造了我们的身体形象。人类是社会性的生物，从生物学上来说，这是依靠别人来帮助我们生存的一个充满敌意的世界。早期的人类必须进化出一种机制来区分朋友和敌人，快速对我们周围的人进行分类——波兰社会心理学家亨利·塔伊费尔（Henri Tajfel）将其描述为"群内"（in-groups）和"群外"（out-groups）。群内的人是我们在本质上认为和我们相似的人：他们有共同的基本特征和身份。[2]我的群内人是犹太人、女性、卷发人、新泽西本地人、大学教

---

1 患有爱丽丝梦游仙境综合征（AIWS）的人看到的东西，特别是身体的某些部位，比实际的要小或大，或者是扭曲的。这种病与偏头痛、脑瘤和幻觉有关；一些专家认为，患有偏头痛的查尔斯·道奇森（Charles Dodgson），也称为刘易斯·卡罗尔（Lewis Carroll）（——译者注：此人为童话《爱丽丝梦游仙境》的原作者）自己就有这种症状。

2 亨利·泰弗尔等：《社会分类与群体间行为》，发表于《欧洲社会心理学》，1971年第1期，第149—178页。

授，以及体重指数上被归类为"轻度肥胖"的人。群外人有与我不能共享的身份：比如那些重金属乐队，加州原住民，以及相信外星人入侵的人。

我们通过与他人比较来形成我们的社会身份——即我们的自我意识，以及我们在家庭、群体和社会中的归属感。[1] 在本质上，我们需要适应、归属、遵从。也许这就是为什么在谷歌上搜索"我女儿是否超重"的父母是搜索"我儿子是否超重"的父母数量的两倍。尽管事实上，男孩比女孩更胖。也许他们知道，这个世界对外形不符合标准的女孩比对男孩更残酷。问谷歌"女儿丑不丑"的父母是问"儿子丑不丑"的父母数量的三倍。["谷歌如何知道一个孩子是美是丑，这很难说。"在《纽约时报》（*New York Times*）上发表文章分析这些问题的经济学家塞思·斯蒂芬斯-达维多维茨（Seth Stephens-Davidowicz）极力克制情绪地评论道。][2]

研究表明，我们越是想要遵从，就越有可能被文化规范所内化，[3] 不仅要接受它们，而且要用真正追随者的激情来捍卫它们。我们全身心地投入其中：我们可能花了几个月或几年的时间来践行这些标准。它们必须得是真的。

在 21 世纪的西方社会，这些规范在很大程度上是通过广告、杂志、网站、电视和电影中被严重修改的图像来传达的。我们在理智

1　亨利·泰弗尔，J.C.特纳：《群体间冲突的综合理论》，发表于 W.G.奥斯丁，S.沃彻尔：《群际关系的社会心理学》，布鲁克斯 / 科尔出版社 1979 年版。

2　塞思·斯蒂芬斯-达维多维茨：《谷歌，告诉我。我的儿子是个天才吗？》，发表于《纽约时报》，2014 年 1 月 18 日。

3　连尼·瓦塔尼安，梅根·霍普金森：《社会联系、一致性、以及社会吸引力标准的内化》，发表于《身体形象》，2010 年第 7 期，第 86—89 页。

上知道，没有哪个生活中的女人长得像碧昂斯 (Beyonce)、凯蒂·佩里 (Katy Perry) 或凯特·摩丝 (Kate Moss)。你可能看过多芬的"进化"(*Evolution*) 视频，视频中展示了一个美人的广告如何从无到有的制作过程，包括大量的 PS 修图。或者，你可能在 2012 年的视频中看到，女演员莎莉·吉福德·派珀 (Sally Gifford Piper) 只穿红色比基尼裤的形象经过反复的调整和变形，直到最后看起来更像一个典型的模特而不是她本人。

我们都知道图像被改变了。我们知道它们体现了理想——至少是某些人对理想的憧憬——而不是现实。就像我的学生一样，我们认为我们所知的会使我们对它们的影响免疫。正因如此，近年来，倡导者们已经提出了大量的立法措施来应对 PS 修图问题。

以色列是第一个（截至本书写作时）也是唯一一个国家试图通过一项法案来要求广告商为经过修改使模特看上去更瘦的图片贴上标签。2011 年，英国国会议员乔·斯温森 (Jo Swinson) 迫使化妆品公司兰蔻拆掉广告牌，这些广告牌上有过度精修过的名人照片，包括克里斯蒂·特灵顿 (Christy Turlington) 和朱莉娅·罗伯茨 (Julia Roberts)。

从另一个角度来看，前营销主管塞思·马汀斯 (Seth Matlins) 制定了《2014 诚信广告法案》(*The Truth in Advertising Act of 2014*)，该法案要求联邦贸易委员会对广告中将图像进行数字处理的情况进行监管。马汀斯告诉时尚网站 (Fashionista.com)，直到他三岁的女儿问他是否认为她长得丑时，他才意识到这样的营销是多么有害。我认为迟做总比不做好，尽管我不得不怀疑为什么马汀斯和其他许多人只在自己的孩子受到影响时才会对市场营销的影响感到警觉。在我写这篇文章的时候，由两党联合提出的法案已经提交给国会。[1]

不幸的是，这种努力虽然可以增强人们的意识，但不太可能带来真正的改变。根据包括澳大利亚弗林德斯大学心理学教授玛丽卡·蒂格曼 (Marika Tiggemann) 的研究在内的几项研究显示，知道图片被修改过并不会削弱它们的影响力量，也不会改变我们对这些图片的反应方式。[2] 蒂格曼和她的同事们发现，那些年轻女性看到被标记为数字技术修改过的时尚照片后对自己身体不满意的程度，和那些看到未加标记的照片的人对自己身体不满意的程度是一样的。[3]

难怪三分之二的 13 岁女孩害怕体重增加。[4] 难怪从童年到成年，对身体的不满会呈几何倍数地增加（尤其是女孩）。[5]（男孩对身体的不满也有所增加，但似乎高中毕业后就会趋于平稳。）难怪 90% 的英国成年女性会对自己的身体形象感到焦虑，很多人一直到 80 多岁才会停止焦虑。[6] 难怪在接受《时尚先生》(Esquire) 杂志民意调查的女性中，有一半说她们宁愿死也不愿胖。[7]

1　你可以追踪《2014 广告诚信法案》的进展，见 www.gongress.gov/bill/113th-congress/house-bill/4341.

2　瑞内·N.阿塔，J.凯文·汤姆森，布伦特·J.斯莫尔：《暴露于纤薄理想身体的媒体图像对身体不满的影响：测试包含免责声明和警告标签》，发表于《身体形象》，2013 年第 10 期，第 472—480 页。

3　马里卡·泰格曼，艾米·斯莱特，维拉妮卡·史密斯：《"免费润色"：给媒体图片贴上"没有对女性身体进行数字化处理"的标签对女性身体不满产生的效果》，发表于《身体形象》，2013 年第 11 期，第 85—88 页。

4　N.米卡利等：《青春期早期进食障碍症状的频率和模式》，发表于《青少年健康》，2014 年第 54 期，第 574—581 页。

5　米凯拉·波切内瑞等：《从青春期到成年期的身体不满：一项为期 10 年的纵向研究与发现》，发表于《身体形象》，2013 年第 10 期，第 1—7 页。

6　伊芙·怀斯曼：《坐立难安：身体形象报告》，发表于《卫报》，2012 年 6 月 9 日。

7　唐娜·毛雷尔，杰弗里·梭伯：《饮食议程：食物和营养是社会问题》，纽约：Aldine de Gruyter 出版社 1995 年版。

女权主义学者、电影人、前模特吉恩·基尔伯恩 (Jean Kilbourne)
一直致力于研究广告中被过度修改的女性形象、失调的饮食和对女性
的暴力等问题之间的关系。她是这个星球上最懂媒体的人之一。但她
承认，即使是她也很容易受到那些修改过的图像的影响。"我不知道有
哪个女人不是这样，"基尔伯恩说，"在这种文化中，你一定会在某种
程度上对自己感到不满意，因为你并不完美，你正在变老，等等。"

基尔伯恩教授媒介素养四十年，她帮助人们理解他们在屏幕上和
杂志上看到的影像并不是真实的，然而她认为社会风气并没有改善。
"在流行文化中，女性形象简直是史诗级的糟糕，"她恼怒地说，"市场
营销者比以前拥有更大的权力。他们对什么能够进入媒体有很大的控
制权。有时这种权力很微妙但确实存在。"

还有更多糟糕的问题，非常非常多的问题。在杂货店的手推车上、
广告牌上、网站上、社交媒体上、电梯里。有时候，你看到的每一个
地方，都有人试图向你推销东西（因为，它们确实是这个目的）。1964
年，美国人平均每天看大约 76 个广告；[1] 如今，如果我们花很多时间
上网，我们每天会看到超过 1000 个广告。美国在营销市场上根本没
有死角。来自国际机构项目（International Body Project，简称 IBP）的
研究人员对来自世界各地的逾七千人进行了调查，他们发现了一个有
趣的模式：在拥有更多金钱和更高社会经济地位的国家和地区的人们，
对自己外表的满意程度更低，有更强烈的变瘦渴望。这与"稀缺资源
理论"(scarce-resources theory) 不谋而合：在富裕的社会里人们更容易
发胖，苗条的人更有威望。在较贫穷的地区，较重的人被视为拥有更

1　根据美国广告公司协会的研究。参见《一个人一天接触多少广告？》，ams.aaaa.org/eweb/
upload/faqs/adexposures.pdf.

多的稀缺资源，因此拥有更高的地位。

这种看法是有道理的。但 IBP 的研究人员提出了另一种可能性：生活在富裕文化中的人们会接触到更多的营销和广告，以及更多的媒体。[1]他们的研究还表明，人们接触西方媒体越多，对自己的身体就越不满意。所以，也许我们眼前的大量图像——不管我们认为自己是接受还是抵制了它们——对我们的影响比我们所知道的要深远得多。

一项著名的对斐济少女的研究，分别调查了在电视刚被引入这个国家时以及引入三年后，她们对饮食和身体形象的态度。时任哈佛大学教授的精神病专家和人类学家安妮·贝克尔（Anne Becker）说她选择斐济主要基于这个原因：在斐济，体型较大的身材被认为是带来审美愉悦的，节食和饮食失调现象相对来说是未知数（斐济至今仅发现一例记录在案的厌食症），1995 年电视的出现为探索媒体的影响效果提供了一个独特的机会。

贝克尔和她的同事们发现在西方电视引进后少女们发生了深刻的变化。在看电视之前，没有女孩为了控制体重而催吐，也很少有报道称她们节食或不满意自己的身材。仅仅三年后，11% 的女孩说她们为了减肥而催吐；69% 的女孩承认在人生的某一时刻曾经节食，四分之三的人说她们至少在人生的某些时候觉得体形太大或太胖。[2]正如一位1998 年的受访对象告诉研究者的那样："女演员和像演员一样的女孩，尤其是那些欧洲女孩，我很羡慕她们，我想成为她们那样的人，我想拥有她们的身材。因为我们斐济的很多人，几乎是大部分人，都是吃

1　维纶·斯瓦米等：《在世界 10 个地区的 26 个国家中，女性体重的吸引力和女性身体的不满意度：国际组织项目 I 的结论》，发表于《人格与社会心理学公报》，2010 年第 36 期，第 309—325 页。
2　安妮·贝克尔等：《斐济青少年女孩长期接触电视后的饮食习惯和态度研究》，发表于《英国精神病学》，2002 年第 180 期，第 509—514 页。

着肥胖食品长大的，我们正在变胖。现在，我们觉得这么胖的身体是不好的，我们必须拥有纤细的身材（就像电视里的人一样）。"

贝克尔的研究是第一个，也是唯一一个探索媒体如何影响人们饮食行为和身体形象的研究。鉴于现在互联网和其他媒体无处不在，不可能再进行这样的研究了。她的发现强化了这样一种观点，正如媒体学者们所说，我们生活在一个媒体的圆形监狱（panopticon）中，就像希腊神话中的巨人阿耳戈斯（Panoptes），他有百只总是睁开的眼睛。这种圆形监狱实际上是一座使其居民随时可被监测的监狱，因为他们永远不知道什么时候有人在监视（watching），所以假定自己始终处于被监视（surveillance）状态。这种安排是一种建筑结构上的解决方案，解决了一小撮人如何能够控制更大的群体的问题。

当然，"媒体圆形监狱"（media panopticon）并不是一个字面上的结构，而更多的是一个语境——我们所有人所生活的媒体语境。文化的理想和假想围绕着我们，不断地向我们灌输这些价值观和信念。当文化规范在你所到之处都得到加强时，我们更倾向于遵从，无论是出于本心还是迫于外力。

现在，拜智能手机和社交媒体所赐，"媒体圆形监狱"已经深入我们的日常生活中。

我们所说和所做的每一件事都有可能在不经我们同意的情况下出现在网络上，让全世界都看到。脸谱网（Facebook）是目前最受欢迎的社交平台，美国人平均每天花四十分钟在这个网站上，[1] 这比我们花

1　根据《彭博商业周刊》2014 年 7 月 23 日的报道。

在查看个人电子邮件上的时间还要多。[1] 然后是照片墙（Instagram）、推特（Twitter）、视频网站（YouTube）、领英（LinkedIn）、照片分享平台（Snapchat）、网络信使（WhatsApp）、社交软件（Ello）。毫无疑问，当你读本书的时候，还有新的媒体平台出现。我们的消费方式以及与社交媒体的互动方式，能够影响我们对自己和对他人的思考与感知。它对我们的影响取决于年龄、性别、我们生活的地方，以及很多我们还不了解的因素。我们知道，对于女性，尤其是年轻女性，花在社交媒体上的时间会降低她们的自尊和身体自信程度，增加她们的抑郁和孤独感。[2]

我们也知道，像 YouTube 尤其是 Twitter 这样的平台，使美国国立卫生研究院研究肥胖和社交媒体的研究员文英·西尔维娅·周（Wen-ying Sylvia Chou）所说的"有毒的抑制解除行为"（acts of toxic disinhibition）[3] 得以永存。她和她的同事们指出：对肥胖以及肥胖的人（尤其是女性）的评论、"笑话"，以及"网络霸凌"（cyberbullying）的现象往往会在论坛和博客等非面对面的微妙平台上发生。周文英在接受《纽约时报》（*New York Times*）采访时表示："'肥胖'已经变成

1　根据《商业内幕》2014 年 9 月关于社交媒体互动的报道。参见 www.businessinsider.com/social-media-engagement -statistics-2013–12.

2　帕蒂·M. 瓦尔肯堡，约亨·皮特，亚历山大·P. 司考滕：《朋友社交网站以及他们与青少年幸福和社会自尊的关系》，发表于《网络心理学与行为》，2006 年第 9 期，第 584—590 页。科里·内拉，邦妮·巴伯：《社交网站使用：与青少年的社会自我概念、自尊和抑郁情绪有关》，发表于《澳大利亚心理学》，2014 年第 66 期，第 56—64 页。迈克尔·陈：《多通道连接和生活质量：研究技术的采用和人际交流对生活中幸福感的影响》，发表于《以电脑为中介的传播》，2014 年，第 1—16 页。莫伊拉·布尔克，卡梅伦·马洛，托马斯·兰托：《社会网络活动于社会福利》，发表于《第 10 届计算机系统中人类因素的会议记录》，2010 年，第 1909—1912 页。

3　文英·西尔维娅，艾比·普锐斯汀，史蒂芬·库纳特：《社交媒体中的肥胖：混合方法分析》，发表于《转化行为医学》，2014 年第 4 期，第 314—323 页。

了我们文化中代谢和处理所有热点议题的代名词。"[1]

　　新技术在其他方面也拉近了"媒体圆形监狱"与我们的距离。例如，在莫斯科的公交候车亭，坐下来等待公交车的人都会得到一个粗鲁的惊喜：他或她的体重被用巨大的数字显示出来使所有人都能看得见，同时显示的还有营养信息和赞助这些所谓的"称重长椅"（weighing benches）的健身房的广告。[2] 一些政府官员显然认为这是一个好主意，而且可能是一个有利可图的主意。希望它不会真的在美国发生。

　　当然，媒体和社交平台并不是唯一的罪魁祸首。现实生活中的很多互动都强化了人们被评判、被监视、被批评的感觉。位于马萨诸塞州斯普林菲尔德的新英格兰西部大学的心理学教授杰森·西卡特（Jason Seacat）开始研究女性经历这些判断的频率。他要求 50 名女性（体重指数都属于超重或肥胖类别）一周七天每天写日记，记录她们因体形而受到侮辱、霸凌或被人指指点点的情况。这些女性平均每天都记录三起事件。有些是与非生命体的互动，比如转门和公交车座位太小了，但也有很多涉及与他人的互动。一名女性说，一群十几岁的孩子在商店里对着她发出阵阵牛叫声；另一名女性说自己男朋友的妈妈拒绝给她做饭，还说她太懒了才会这么胖。[3]

　　西卡特做这项研究是受他亲身经历的启发。他目睹了一群青少年

1　安娜·诺斯：《羞愧，被攻击，被骚扰：在网上被称为"胖子"是什么感觉》，发表于《纽约时报》，2014 年 10 月 3 日。

2　苏米德拉：《以你自己的风险为代价：莫斯科的长凳上公开展示模特的体重》，发表于《怪异新闻》，2014 年 9 月 23 日。作者于 2014 年 10 月 24 日访问该新闻网页 www.odditycentral.com/news/rest-at-your-own-risk-moscow-benches-to-publicly-display-sitters-weight.html.

3　詹森·D.斯卡特，萨拉·杜戈尔，多提·罗伊：《每日日记评估女性体重的污名化》，发表于《健康心理学》，2014 年，第 1—13 页。

在他的健身房里大声骚扰一个肥胖的女性，这名女性最终放弃健身并离开了健身房。西卡特的研究结果对每个女性来说都不会感到惊讶，因为身体监视正影响着我们所有人，不论这种影响是"明确的"（嘘声、暗讽、来自男性的公开评论），或是像西卡特研究中那位女性所经历的那样。我也忍受过一些羞辱，包括我骑自行车时一群年轻人在我身边学狗叫。不管我们是年轻、美丽、苗条，还是中年、超重，或者毫不客气地说，就是又肥又老，每一个人的身体都有可能成为他人评论的对象。而且，很多人显然正在这样做。

当然了，我们没有被真的关进监狱；我们可以关掉电视、远离智能手机。但这样做就是切断我们与外界的联系。我们对归属感的需求、渴望成为群体中的一员，让我们更容易受到文化理想的影响。我们与他人攀比的需求，反过来又帮助我们在充满敌意的世界中生存和发展。[1] 使我们对自己的方方面面都感到焦虑，包括我们的外表、赚钱的能力以及交友的能力。

我母亲最糟糕的噩梦

爱伦（Ellen），58岁，马萨诸塞州西部的按摩师

我是我妈最糟的噩梦。她最大的恐惧是她变胖或有一个胖孩子。她曾经一直都保持在身高5英尺8英寸、体重125磅。现在她94磅，在任何时间她都会对她看到的胖人加以批评。

现在回想起来，40岁之前我真的不认为自己有体重问题。但我总是感觉到我有体重问题，其中一个原因是我是一个长得又高

1　进化心理学家格伦·嘉禾写了一篇有趣的博文，内容是社会比较行为如何给我们带来帮助。参见 www.evostudies.org/2013/06/social-comparison-evolutionary-psychology-and-the-best-job-in-th-world/.

骨架又大的女人。我的家庭中没有其他的胖人。16 岁加入慧俪轻体减肥中心是我第一次节食的经历。我减掉了 20 磅，达到了我的理想体重，我成了一个终身会员。我断断续续地节食，大量的不同节食法，我进行慧俪轻体减肥三或四个疗程。每个疗程结束后我都达到了理想体重，然后又都慢慢地反弹回来。

在 40 岁时，我在一家医院进行流食减肥法。我一年没有吃食物，我喜欢这种方式。当我不与食物接触并且别无选择的时候，我觉得棒极了。如果我能一直待在那儿的话我就永远都不出院。但是你不能这样做，这不健康。

我确实变得苗条了，降到了 10 码，这对我来说有点低，我身高 5 英尺 11.5 英寸[1]。但我之后切除了胆囊，因为里面有大量的结石。当我又开始吃东西，我除了增加体重之外没有什么变化。在一年半的时间里我每天吃 500 卡路里的食物，但我仍会增重。所以当有人说减不掉体重是因为缺乏原则与自控时，我知道这完全是扯淡。

后来我患了癌症并切除了我的甲状腺，由于吃错了药我增加了 60 磅。我看了另一个健康医生，他让我戒除谷物蛋白，这种方法见效了好一阵子。我减掉了约 50 磅。但之后，我又缓慢地反弹回来了。

当我还是个孩子的时候经常被告知没有人会需要我，因为我太胖了也没有人会娶我。我接受了大量的治疗，但这并不重要。你一旦有了自己的形象它就不会改变。现在我不能忍受自己超重。

---

[1] 1 英尺等于 12 英寸。1 英尺等于 30.48 厘米。——译者注

我不喜欢自己身体的感觉。我和很多运动员一起工作，看到这些完美的身体我感觉自己像一头大象。我不认为我会看到其他胖人，我认为只有我自己是胖子。基本上除了尝试可卡因之外，为了减肥我还愿意做任何事情。

我和我的母亲时常与体重做斗争。这真的给我们带来了很多伤害。我有个姐姐曾在我的橱柜中发现了一个玛芬蛋糕，她告诉我我应该永远永远不要让玛芬蛋糕出现在我的家里。我从来没有要求她帮我，但她感觉她有这个权利来这样做。

我最近采用的手段是催眠。催眠师会做三个疗程，然后你都会完成。我觉得好极了。我所吃的只有蛋白质和蔬菜。不吃碳水化合物——不吃小麦、大米、谷物，一种也不能吃。没有秤，你不能称体重。没有读出来的标签。催眠师希望你待在你的潜意识里。我希望以此种进食方式来度过我的余生。

正如吉恩·基尔伯恩所指出的那样，广告的本质是让人缺少自信、觉得自己不够完美，然后提供一种产品或服务来"弥补"他们的"缺陷"。电视剧《广告狂人》(*Mad Men*)[1] 的核心人物、虚构文学的创意大师唐·德雷珀 (Don Draper) 说过："广告行业天生就是有企图的。商业广告创造了一种幻想，同时激发了人们对现实的不满和对'一切皆

1　由 American Movie Classics 公司（AMC）出品的美国系列剧，首播于 2007 年，已于 2015 年完结。故事背景设定在 20 世纪 60 年代的纽约麦迪逊大街上的一家广告公司里，以一群广告人的事业、生活为中心，展们追寻"美国梦"过程中的种种遭遇，折射出第二次世界大战以后美国在 60 年代（准确来说是 50 代末至 70 年代初）社会、经济、政治的一系列剧烈变革。该剧是 AMC 频道首部原创剧，也是第一个基本有线频道 (Basic Cable) 电视剧获得艾美奖最佳剧集，自 2008 年至 2011 年连续四年获得该奖。该剧亦曾连续三年获得金球奖最佳剧集奖项。2013 年，由具有权威的美国编剧协会（WGA）评选出的"101 个最佳电视剧本"评选中排列第七。——译者注

有可能'的渴望。"[1] 我们渴求那些被定义为"无法企及"的东西——金钱、名誉、美貌、完美的身材。

现代社会中对完美的身材越来越趋之若鹜，或者至少对确确实实的健康趋之若鹜。就像我们赋予食物和体重的道德内涵一样，我们对健康的追求也有了道德意义：如果你致力于健康行为（无论你如何定义健康），你就是"好"；反之，你就是"坏"——软弱、懒惰、不自律、没价值。加利福尼亚大学社会学家朱莉·古斯曼（Julie Guthman）指出，"健康"的概念本质上是一个不断移动的目标，永远不可能彻底地达成这个目标，"它需要不断地受到监督和不断地得到提高。"[2] 如果你没有一直积极地获得健康——当然这对不同的人在不同的时间有不同的意义——你的身体就非常非常可能出现问题。

"完美健康"这一遥不可及的目标为营销者提供了另一种途径，去利用和开发我们内心深处的焦虑和渴望。我的广告业和公关业的同事会反对这种说法：他们会争辩说，他们是在帮助民众，满足每一个人的真实需求。也许有时候是这样，但如果营销者是为了公众利益而忙活的话，他们就会被称为慈善家。大多数时候，他们都在追求更多的东西。

比如，2013 年，总部位于伦敦的媒体机构 PHD 对 600 多名美国女性进行了调查，询问她们什么时候觉得自己的外表最糟糕。对调查结果的报道显示，大多数女性都认为在每周开始的时候自己最不具吸

---

1 劳拉·特纳·加里森：《谁这样生活呢？这是最荒谬的梦寐以求的广告》，发表于《SplitSider》，2012 年 7 月 31 日。于 2014 年 10 月 24 日访问网站 www.splitsider.com/2012/07/newcastle-who-lives-like-that/.

2 朱莉·古斯曼：《体重：肥胖，食物公正，以及资本主义的局限性》，伯克利和洛杉矶：加利福尼亚大学出版社 2011 年版，第 52 页。

引力，所以周一是以"美丽消费者"为目标营销群体的好时机，"媒体要在消费者最易受影响的时刻集中轰炸营销"。调查还发现，当女性感到沮丧、愤怒、担心或孤独时，她们对自己外表的信心就会急剧下降。该机构品牌规划主管金·贝茨（Kim Bates）评论道："这种反应的文化和心理暗示意义重大，从营销的角度来看，它可以影响到我们的一系列措施，从创意性的概念到媒体平台，再到促销活动。"[1]

这当然是很精明的市场营销，尤其是对价值 2500 亿美元的全球美容业而言。[2] 但对我们来说却不是那么好。

迷恋纤瘦美女的文化最令人不安的一个方面是，它对儿童和青少年的打击很严重——可能比对成年人的打击更严重。[3] 作为两个女儿的父母，我努力保护她们不受这些影响。我的丈夫和我要禁止电视、芭比娃娃、化妆品和互联网吗？不，除非我们搬到爱达荷州的山顶上，让我们的孩子在与世隔绝的环境中长大成人。我们不能这么做。因此，我们必须设法找到某种方法来教导我们的女儿，让她们在潮水般的信息中生存下来。这些信息时刻在传达着你们不够瘦、不够漂亮、不够聪明——在文化中例行公事地告诉女性她们的价值建立在她们的外表上，这是一项不可能完成的任务。

美容文化在人们心里生根发芽比你所想象的要早得多，最近的三

1　《最新美容研究揭示了美国女性最不吸引人的日子、时间和场合》，PRNews 媒体，于 2014 年 10 月 24 日访问 www.prnewswire.com/news-releases/new-beauty-study-reveals-days-times-and-occasions-when-us-women-feel-least-attrac tive-226131921.html.

2　米迦勒·约曼斯：《全球美容市场在 2017 年达到 265 亿美元，这要归因于 GDP 增长》，参见 CosmeticsDesign.com2012 年 11 月 7 日。作者于 2014 年 10 月 24 日访问 www.cosmeticsdesign.com/Market-Trends/Global-beauty-market-to-reach-265-billion-in-2017 -due-to-an-increase-in-GDP.

3　根据心理学家夏洛特·马基的说法，青春期是导致身体不满的一个危险因素，而身体形象是一个至关重要的发展问题。夏洛特·马基：《为什么身体形象对青少年的发展很重要》，发表于《青春期与青年》，2010 年第 39 期，第 1387—1391 页。

项研究证明了这一点。2011 年加拿大的一项调查发现，三岁的儿童，尤其是那些体重正常的儿童，对自己的身体很不满意。[1] 当我看到这个调查时，我不得不思考为何会出现这种情况。可以预料的结果是，超重的孩子对自己的身体感觉更糟，而瘦孩子对身体的感觉更好。研究人员对这一点也很好奇，他们对这些数据进行了更深入的研究，发现超重的学龄前儿童总是低估自己的身材。他们推测，也许肥胖的孩子已经内化了减肥的压力（在他们三岁的时候，他们就对自己的体重感到悲伤），并且通过回避或不承认这个问题来应对问题。

这可能是真的，尤其是当你用道德维度去评判身材时。也许瘦弱的孩子会因为她们的身材而受到表扬，担心如果她们的身体发生变化，会被认为是"坏"的。也许体重较重的孩子已经放弃了被认为是"好的"。

在第二项研究中，新泽西州罗格斯大学的研究人员给学龄前的女孩列出了六个积极的和六个消极的特征，并要求她们将这些特征分配给三个娃娃：一个苗条（芭比身材）的娃娃、一个中等身材的娃娃和一个胖娃娃。学龄前儿童很少把"聪明""快乐""有最好的朋友"，尤其是"漂亮"这类的特征分给胖娃娃，相反，她们一致把"悲伤""没有朋友""被取笑""吃得最多"等特征分配给了胖娃娃。[2]

最后，英国利兹大学医学院的研究人员在 2013 年的一项研究中要求四到六岁的女孩阅读一本儿童绘本并回答有关角色的问题。书中的主人公分别是体重正常的、坐轮椅的、肥胖的。女孩们压倒性地投票给胖角色，说他或她看上去就学习不好，也不会被邀请参加聚会。当

---

1 莱恩·特伦布莱等：《3—5 岁儿童的自我认知：对早期出现的身体不满的初步调查》，发表于《身体形象》，2011 年第 8 期，第 287—292 页。

2 约翰·沃热博，哈里特·沃热博：《学前女童对身体尺码的描绘：在娃娃的世界里，成为"芭比"是件好事》，发表于《身体形象》，2014 年第 11 卷，第 2 期，第 171—174 页。

被问及她们想和书中的哪个角色成为朋友时，73 个女孩中只有 3 个选择了这个胖角色。女孩年龄越大，她们对胖角色的看法就越负面。[1]

这些发现都没有让"饮食计划"（Project EAT）的凯蒂·罗斯（Katie Loth）感到惊讶。她和她在明尼苏达大学的同事们收集了十多年的纵向数据，以阐明体重和身体形象对孩子和青少年的影响。她们的结论凸显了我们文化中不惜一切代价追求苗条的危险性。"当一个年轻人对自己的身材感到不舒服时，她们更倾向于用危险的方式来减肥。"罗斯说。

丹尼尔·卡拉汉（Daniel Callahan）和沃尔特·威利特（Walter Willett）等专家认为，让儿童和青少年自我感觉不好是没问题的，因为这些感觉会促使他们做出改变——想必会节食、减肥、从此更健康幸福得生活——我们知道，这种推断会成功的概率就像大海捞针一样。（还记得格鲁吉亚医院那些污名化胖孩子的广告吗？）事实恰恰相反，对自己的身体不满意的孩子比那些自我感觉良好的孩子更不容易锻炼或有积极的应对态度，无论他们的身材如何。

因此，减肥的压力不仅会促使孩子们进行不健康的饮食和减肥行为，它也阻止他们做对他们（以及对所有孩子）有益的事情。对于成年人来说也是如此。南卡罗来纳大学的健康促进教授克莉丝汀·布莱克（Christine Blake）研究了这个问题，她说："对体重的不满实际上可能会阻碍人们从事健康行为。"布莱克认为，对体重不满意的人更有可能在开始前就放弃了积极健康的活动，而那些对自己身体相当满意

---

1 萨拉·哈里逊等：《我没有一个肥胖的朋友：非常年幼的孩子对超重和残疾的反应》，发表于《欧洲国会肥胖研究》，2013 年。利兹大学的研究实际上重复了 20 世纪 60 年代的一项研究，研究对象是 10 岁至 12 岁的孩子，这些孩子对肥胖角色表现出了更大的好感，尽管他们仍然拒绝接受这些角色。

的超重和肥胖的人更有可能以他们喜欢的方式积极活动。[1]

换句话说，将无法实现的瘦身理想内化只会伤害年轻人。"饮食计划"最有趣的发现之一是，喜欢自己身材的少女，即使她们超重或肥胖，五年后也比不喜欢自己身材、想要改变身材的少女体重增加得要少，有更多"健康"的行为。[2] 这是有道理的，因为对身体的不满而节食，而节食导致长期的体重反弹和体重循环，进而会导致严重的生理和心理影响。

所以，我们应该担心并深感焦虑的是最近一项研究所表明的事实：三到六岁的孩子中，有近一半的人对自己会变胖而倍感忧虑。[3] 我们应该担心的是，在 2011 年的一项研究中，99%（99% 啊！）的女孩说她们的理想身材比现在要瘦。（这项调查中有 66% 的女性是非裔美国人：在这些为数不多的非白人孩子和青少年中，以往的调查总是显示她们往往比白人女性对自己的身体更满意。）[4] 我们应该担心的是，步入青春期的女孩们对自己身体的不满成倍地增长（有趣的是，青春期的男孩对身体不满意感则有所下降）。[5] 我们应该担心的是，对于许多孩子来说，减肥的压力会导致饮食失调，并将可能会持续一生。

20 世纪 90 年代初，我曾在《红皮书》（*Redbook*）杂志短暂工作

1　克里斯汀·E. 布莱克等：《体重更大的成年人报告说，他们的健康行为更积极，健康状况也更好，不管体重指数如何》，发表于《肥胖》，2013 年。

2　帕特里夏·凡·登·伯格，戴安娜·诺依马尔科 - 斯坦纳：《五年后胖女孩快乐：喜欢自己的身体对超重的女孩是件坏事吗？》，发表于《青少年健康》，2007 年第 41 期，第 415—417 页。

3　莎伦·海耶斯，史黛丝·坦力夫 - 顿：《我是不是太胖了，不可能成为公主？流行的儿童媒体形象对年轻女孩身体形象的影响》，发表于《英国发展心理学》，2010 年第 28 期，第 413—426 页。

4　N. R. 凯莉，C. M. 布里克，S. E. 马泽奥：《探索对超重儿童进行干预的黑人和白人女孩的身体不满情况与认知》，发表于《身体形象》，2011 年第 8 期，第 379—384 页。

5　萨拉·凯特·贝尔曼等：《极瘦与身体不满：对青春期女孩和男孩的纵向研究》，发表于《青春期与青年》，2006 年第 35 期，第 217—229 页。

过一段时间，那时我刚生下我的大女儿。我那段时间最难忘的记忆之一是一次编辑会议，那时我穿着 12 码刚过产期的孕妇装，是房间里最胖的女人。另一位编辑说，她从不让丈夫看到她光着身子坐在床上的样子，因为（她明显地颤抖着）他可能会看到她的大肚子。我猜这个女人，和房间里除了我之外的其他人一样，穿的是 2 码的衣服：她身上没有明显的脂肪。但她的评论引发了一连串类似的身材焦虑。我是在场的精力充沛（high-powered）女性中唯一一个有凸起肚子的人，也是唯一一个愚蠢地或者说是足够诚实地说出：我当然会在床上裸着身子坐在我的丈夫面前，如果不能这样做，那结婚的意义是什么呢？

意料之中，我在这家杂志社工作的时间并不长。

去年春天，马萨诸塞州北安普顿的私人教练凯利·科菲（Kelley Coffey）发表了一篇题为《我怀念体重超过 300 磅时的五件事》（*5 Things I Miss About Weighing More Than 300 Pounds*）的博文，在网上掀起了轩然大波。科菲身材娇小，金发碧眼，有一对甜甜的酒窝，在这篇博文的最开头是两张她减肥前后的照片，一张是她体重 300 磅时的照片（长发，双下巴，同样漂亮的酒窝），一张是最近的照片。她写道："我变瘦后，就越来越怀念肥胖时期的生活，尽管那时人们看到我常常会掉头就走。"她列出了她怀念的五件事：力量（体力），舒适（脂肪的缓冲作用），视角（长久以来受到的指责和侮辱使她更有同情心和人性关怀，更具个性），友情（胖的时候更容易与其他女性成为朋友）和存在感（在房间和世界中占据空间的感觉）。

科菲说，她在发表那篇文章后收到了很多仇恨邮件。一名评论者写道："对于一个私人教练来说，这份清单是最荒谬、最愚蠢、最可疑的东西。显然，你不适合训练任何人。拜托！停止吧。"

她说，她最初写这篇文章是为了阐明她训练中的一条规则：不要自我批评。她解释说："我的客户不允许在审美上批判自己，也不允许对自己的力量或耐力感到失望。你要么说好话，要么什么都不说。"她写了一封情书给以前的自己，以此告诉她的学员他们真的很美。她说："我敢说，在现代社会和世界大国里，所有的美好事物中只有一件事我们都认为是邪恶的，那就是肥胖。而我要告诉大家，看似应该憎恨的肥胖，其实也有很多美好的地方。"

到目前为止，一切还不错。几周后，科菲又在她的上一篇稿之后发表了一篇题为《爱我 300 磅重的身体使我保持苗条》（*Loving My 300-Pound Body Keep Me Thin*）的文章。这一次，她用一种略微不同的方式表达了她对自己以前身体的感激之情。"如果说我在过去的十一年里学到了任何关于体重和健康的东西，那就是：在我看来，健康快乐地减肥以及保持身材的秘诀，就是爱你的肥胖。"换句话说，自爱和自我接受是达到瘦身目的的一种手段。

我请自称为"食物成瘾者"的科菲厘清这些看似混乱的信息。她说："我不认为它们是相互排斥的。"

我问她，做了胃分流手术（gastric bypass surgery）后体重减轻了，如果她后来反弹回去，她会怎么样？她说："保持现在的身材对我来说很重要。我对此感到很舒服，我致力于维持这个体重是因为它是我保持身心健康的象征。这是冠冕堂皇的回答。浅薄一点的回答是，我喜欢看镜子里的自己，我觉得我很漂亮，我非常享受这样的状态。"

对魅力和美丽的渴望是一种动力。这没什么，真的。赞美美是没问题的，努力去追寻美，这是人的本性。知道美丽文化的存在，仅仅只能触发我们的不安全感和焦虑，并不能改变这种渴望。我认为，真正有帮助的是转移我们的注意力，换一种方式看问题。只要我们不停地看到别人，并且社会文化告诉我们，我们很好，我们很有吸引力，我们属于彼此，即使是那些最美丽、最自信的人也会为之奋斗。我认为我们必须学会不从外部寻找对美的认可。这并不完全是自我接受，我觉得这个概念很模糊，很难付诸实践。我可以告诉自己我的一切都是美丽的，但是 (a) 这并不能使它成为现实，(b) 这也不能使我相信它。当我站在镜子前，重复念着"我很美"时，我只觉得自己很傻，并不觉得自己受到了鼓舞，看到我的体形并不会给我提升任何自信。

我认为这更像是在内心认为自我感觉良好，我们足够有吸引力，我们融入其中。放弃让别人来确认我是否美丽，能让我觉得自己更有魅力，这也许是因为我不是用社会的标准来衡量自己的外貌。我可以更自由地去欣赏自己，无论它是否符合社会既定标准。例如，我的犹太人鼻子，完美地继承了我敬爱的祖父的鼻型，因此，即使整个世界都觉得它不美，我依然觉得它非常好看。

然而，凯利·科菲有一件事是对的：自我厌恶只会导致更多的自我厌恶。我所见过的关于身体形象的一些最有趣的研究来自瑞典哥德堡大学的两位心理学研究者。研究人员采访了一小群瑞典青少年，他们在身体满意度测试中得分很高，[1] 研究人员试图了解是什么让他们与众不同。这些青少年是如何在生命中如此脆弱的时刻以及一心要摧毁生理性自尊的文化中仍然能保持对自己的身体感觉良好的呢？

1　安·弗里森，克里斯汀娜·霍利尔奎斯特：《早期青少年具有积极的身体形象的特征是什么？对瑞典女孩和男孩进行定性调查》，发表于《身体形象》，2010 年第 7 期，第 205—212 页。克里斯汀娜·霍利尔奎斯特，安·弗里森：《我敢打赌，在现实生活中，他们并不是那么完美：外表的理想是从有积极的身体形象的青少年而来的》，发表于《身体形象》，2012 年第 9 期，第 388—395 页。

"积极的身体形象不仅仅是消极的身体形象的反义词，"瑞典研究人员克里斯汀娜·霍利尔奎斯特（Kristina Holmqvist）解释说，"提升积极的身体形象并不是通过减少负面身体形象来实现的。"不可否认，她是对的。她这么一说出来，这个问题就更清晰了。然而，我以前从来没有这样想过身体形象的问题。

霍利尔奎斯特和她的同事安·弗里森（Ann Frisen）发现，这个明显比较小型的、同质化的青少年群体具有一些共同的生理和情感特征。首先，他们的外表或多或少符合当前的理想身材。表面上看，这似乎令人沮丧，因为这表明你必须身材高挑苗条、胸部丰满（女孩）或肌肉发达（男孩），才能自我感觉良好。但是，正如研究人员指出的，许多符合这些标准的青少年仍然对自己的身体感到不满意。所以这个群体有更多的可研究性。

这些青少年也很看重他们身体的功能性，也就是赋予他们做想做的事情的能力，而不是简单地看起来不错。比如，有个女孩说她喜欢自己的腿，因为肌肉可以使她跑得很快。他们几乎所有人都以自己喜欢的方式进行体育锻炼，比如跳舞、运动和慢跑。他们认为锻炼能让他们感觉良好，而不是应付任务。尽管他们从朋友和家人那里听到了一些关于自己身体的负面评论，但他们倾向于忽略这些评论，而不是深深地内化它们。

最后，或许最重要的是，瑞典的青少年享有批判性思考的能力，尤其是在理想身材方面。他们不把别人的评论内化的原因是他们比平时更容易质疑和挑战这些文化上的美的理念。他们没有把这些理念当作真理信条，他们能够退一步，客观地去考虑。

最后的一个重点可能是最容易传达给孩子和青少年的。我教我的学生在社会潮流的背景下理解美，并记住美和身体形象都是文化的仲裁。例如，美国人眼中理想的女性身材，在贫瘠的尼日尔共和国会被认为是病态的。在那里，体态丰满的女性才会受到称赞，那里最漂亮的女性也会被大多数美国人认为是最缺乏魅力的肥婆。[1]

我 20 岁的学生们惊讶地发现，美国人关于美的理念随着时间的推移已经发生了根本性的变化；而他们错误地以为事情一直都是这样。当他们开始了解女性的理想身材和社会地位之间的联系时，事情也就渐渐清晰了。北卡罗来纳州埃隆大学的人类学家安妮·博林（Anne Bolin）说："在 20 世纪 50 年代，曲线优美的女性身体突出了生殖潜能。这是一个强调女性气质的理想身材。"无独有偶，在美国人面临着第二次世界大战后的生育压力和经济发展压力时，玛丽莲·梦露的典型身材占据了主导地位。

我们这些在第二次和第三次女权主义浪潮中长大的人知道这一点，或者至少我们曾经知道这一点。作家纳奥米·伍尔夫 (Naomi Wolf) 在她 1990 年的畅销书《美丽迷思》(The Beauty Myth) 中就提到了这种联系。伍尔夫指出，在 1910 年代，就像女性为争取选举权而奋斗一样，消瘦的、雌雄同体的外形成为典范。在 20 世纪 60 年代，避孕药给女性提供了性自由，而不用担心意外怀孕，当时的流行审美是模特崔姬 (Twiggy)，她长得很美——嗯，很瘦，看上去像个孩子。你不会把她误认为是维伦多夫的维纳斯。如今，最高法院中女性人数占据一

1　关于这件事情的详细描述，请参阅《理想》（Ideal），发表在丽贝卡·波普诺（Rebecca Popenoe）、唐·库利克（Don Kulick）、安妮·梅内利（Anne Meneley）等人所著的《肥胖：一种痴迷的人类学》（in Fat: The Anthropology of an Obsession），塔彻尔出版社 2005 年版 (Tarcher, 2005)。

半以上，[1] 上大学的女性人数超过男性，[2] 医学院和法学院也有很多女学生，而我们关于理想身材的定位却逐渐狭隘，我的一个女儿将其描述为：一根棍子上挂着胸部。

但我们似乎已经忘记了这种来之不易的洞察力，至少从我们目前的身体焦虑和自我厌恶程度来看是如此。年长的女性和年轻的女性一样对自己的身体感到不满意，尽管她们的经历有很多重要的不同。2001 年，澳大利亚心理学家玛丽卡·蒂格曼 (Marika Tiggemann) 进行的一项研究发现，年长女性体重指数的上升可以预见地会导致其对身体的不满，但这些不满情绪会起到一点缓解作用，使自我客体化（self-objectification）有所减轻。[3] 似乎随着年龄的增长，我们越不可能把自己的身体看成被别人看的客体，因此我们也就越不可能对自己的身体感到羞耻和焦虑。不满情绪与自我客体化这两个条件互补达成了平衡。

这就是女权主义真正起到助力的地方：认识到美的标准有一个历史语境，并且这个语境与社会潮流密不可分。女权主义可以提醒我们，我们曾经经历过这段旅程，最终在相同的地方实现终结。我们评价自己多么有吸引力、被他人评价多么有吸引力，这在一定程度上取决于男女之间不断变化的社会动态。

就我个人而言，我发现变老是有帮助的，而且我不认为我是唯一一个这样想的人。2014 年的一项"盖洛普调查"(Gallup survey) 发现，

1　《2010 年劳动力市场中的女性》，美国劳工部，于 2014 年 10 月 24 日访问 www.dol.gov/wb/factsheets/Qf- -laborforce-10.htm.

2　《为什么大学里女性比男性多？》，美国国家经济研究局，于 2014 年 10 月 24 日访问 www.nber.org /digest/jan07/w12139.html.

3　玛丽卡·泰格曼，杰西卡·E.林奇：《身体意象在成年女性的一生中：自我客体化的作用》，发表于《发展心理学》，2001 年第 37 期，第 243—253 页。

65 岁以上的美国人对自己的外表感觉良好的程度超过了中年人。更有趣的是，中年时期身体自信心的下降对白人的打击要比非洲裔美国人或拉丁裔美国人严重得多，这可能是因为广告和媒体的目标人群和主要人群都是白人，而不是其他种族和民族。[1]

现在我（通常）不再为身体发福和掉头发而烦恼，我有了更多的精神空间来处理我真正关心的事情，坦率地说，也是那些真正重要的事情。当我醒来我的身体就像一个装在麻袋里的物品，但我的每一个毛孔都知道我是最具有吸引力的，我远离镜子，开始我的生活。

或许喜剧演员、女星梅丽莎·麦卡锡 (Melissa McCarthy) 在接受《人物》(People) 杂志采访时表达得最贴切："最近的一篇文章称我是'美国大码甜心'。这就好像说我虽然努力取得了现在的成功但我还是苦恼的。我的体重？它就是它该有的样子啊。就像大多数人所说的那样，有得必有失。你头发很好，你头发很糟糕；你很会理财，你不会理财……你的整个人生就是起起伏伏、有盛有衰，明天你就可能会被车撞。这就是生活，总不会事事顺心。"[2]

祝福你，我的姐妹们。

1 梅根·加努恩：《美国人在这个年龄感觉最具有吸引力》，生活科学网，2014 年 7 月 10 日。作者于 2014 年 10 月 24 日访问 www.live science.com/46741-older-americans-feel-best-about-their-looks.html.
2 凯特·科因：《梅丽莎·麦卡锡用她自己的话来说》，发表于《人物》，2014 年 7 月 7 日。

第六章

这全都是你看待它的方式

"'你知道对一个胖女孩说的最刻薄的话是什么吗？''你不胖。'"

——女演员莎拉·贝克(Sarah Baker)扮演的"胖女服务员"凡妮莎(Vanessa)，在路易斯·C.K.(Louis C.K.)的喜剧系列《路易不容易》[1](*Louie*)中的一个情景

几年前，我有机会采访了一家临终关怀机构的行政主厨。她讲述了她是如何通过食物提供给病人营养和情感慰藉的事情，我被这种描述深深迷住了。她每天早上都去看望每一个人，问他或她能吃什么，想吃什么。他们中的许多人已经不能再吃东西了，或者对特定的食物已经有了品尝或消化障碍，于是她想出了创新的方法来照顾这些病人。

例如，对于喜欢巧克力蛋糕但又不能再吃它的病人，主厨就会每天烤一个巧克力蛋糕，然后把它放在房间里，这样病人就能闻到巧克力的香味，又能将它提供给访客食用。病人们喜欢能够给访客带来快乐，他们也从看别人吃他们不能吃的东西中感受到替代性的快乐。

---

1 影片是一部围绕住在纽约的单身父亲抚养两个女儿展开的情景喜剧。2012 年，路易斯·C.K. 凭借该剧获得金球奖音乐 / 喜剧类电视剧最佳男主角提名。——译者注

在临终关怀机构工作似乎令人沮丧，但主厨告诉我她非常喜欢这个工作。事实上，除了不可避免的事情之外，唯一让她苦恼的是，许多仍能吃的女性却也拒绝吃面包、沙拉酱、黄油、巧克力、甜点和其他"发胖"食物。保持苗条和管理好自己的饮食已经成为她们身份中不可或缺的一部分，她们无法忍受将这些抛在脑后。

如果真有最无厘头的时刻，那就是这些女人即使快要死了也不愿放弃节食。她们还在为这个世界上的谁而节食呢？我们被困在了"莫比乌斯带的疯狂"（Mobius strip of crazy）[1] 之中，这是一个多么绝妙的隐喻。

我想得越多就越好奇这种"瘦总是更好的"的意识是否拥有心理学家所推论出来的好处。也就是说，除了减肥和身材之外，它是否满足了某些情感上或心理上的需求？也许这些垂死的女性不吃黄油、意面或蛋糕的一个原因是它会违背她们的一些基本原则，它将改变她们的一些核心特征，尤其是当她们已经减重很多的时候。

显然，我们思考和谈论体重、健康和美丽的方式可能出于其他的意图。以"肥胖谈话"现象（the phenomenon known as "fat talk"）为例，我们都做过这样的事儿，或悲伤地、或畅快地、或真正绝望地告诉一个朋友、一个同事，（甚至是）一个服装店里的陌生人，"我必须得减减我的大腿了"或者是胳膊、肚子、脖子、臀部、腰。我们对自己做这样的事，这是一种我们无法从朋友那里忍受的"自我霸凌"

1　公元 1858 年，德国数学家莫比乌斯（Mobius，1790—1868）和约翰·李斯丁发现：把一根纸条扭转 180° 后，两头再粘接起来做成的纸带圈，具有魔术般的性质。普通纸带具有两个面（即双侧曲面），一个正面，一个反面，两个面可以涂成不同的颜色；而这样的纸带只有一个面（即单侧曲面），一只小虫可以爬遍整个曲面而不必跨过它的边缘。这种纸带被称为"莫比乌斯带"（也就是说，它的曲面只有一个）。——译者注

(self-bullying)，而我们自己去这样做的部分原因是我们认为它会使我们对自己的身体感觉更好。[1]我们在这种一问一答中贬低自己的"身体自我"（physical selves），无论它们是大是小，而这在美国女性中已成为一种惯例。这种对话通常是这样进行的：

"我觉得自己太胖了！"

"你不胖！我才是需要对大腿做点什么的人。"

"走开吧——你的大腿看起来很好，你瘦成一根棍子了，我才是有问题的人。"

"打住！你看起来棒极了。啊，我真不该吃那半个迷你杯子蛋糕，现在我得多花一个小时把它燃烧掉。"

"不，我才是那个大吃油条的人！"

……

我们在这么进行对话的时候，大多是无计划的、不加思考的。我们之所以这样做是因为它已经成为一种社会规范，我们期望别人这么做，我们自己也这么做，因为他们期望我们去做。[2]很多时候，我们甚至都不知道自己在这么做，这就是它的自觉程度——就像对打喷嚏的人会说"上帝保佑你"一样。

大多数人认为这种自我贬低会使我们对自己的身体感觉更好。我们认为（如果我们仔细想想）我们其实是在寻求其他女性的确认——

1 R.H.索尔克，R.安琪-马多克斯：《"如果你很胖，那我就太胖了！"大学女性肥胖谈话的频率、内容和影响》，发表于《妇女心理学》，2011年第35期，第18—28页。

2 劳伦·E.布里顿等：《胖的谈话和身体形象的自我表现：女性自我贬低的社会规范是否存在？》，发表于《身体形象》，2006年第3期，第247—252页。

不，我们不胖；是的，我们看起来很好。我们接收到这些信息，然后我们觉得我们就是这样的。

然而，实际上，肥胖谈话实质上向我们自己和他人强化了一种观念，即我们应该保持苗条，我们的身体需要监督。从表面上看，（"你一点也不胖"）这听起来使人安心，但深入来看，你就会明白这种谈话是如何强制实施（enforce）了人们关于体重的僵化观念。想想看：因为太胖而敲打敲打你的身体，这表明了你支持"肥胖是坏的、缺乏吸引力的、不健康的、不可接受的"的观点。即使你从别人那里得到的确认是用心良苦的，它们仍然来自"肥胖不好"的视角。

这就是在电视剧《路易不容易》(Louie) 中，喜剧演员路易斯·C.K. (Louis C.K.) 说凡妮莎 (Vanessa) （一个刚刚约他出去却被拒绝的女服务员）"你不胖"时，她回答道，"这是你能对一个胖女孩所说的最难听的话"的原因。他有点不知所措，他想恭维她，但是，正如饰演凡妮莎的女演员莎拉·贝克 (Sarah Baker) 向 Vulture.com 网站解释的那样，"他的安慰是我不能接受的，因为他仍然基于这样的观点：肥胖是'可怕的，是一个女人最糟糕的事情——超重'"。他否认了一个凡妮莎的基本事实、她自我的其中一个方面。她自认为肥胖不算个事儿，它就像她的发色和身高一样，只是她的一部分。他是固化刻板偏见的人，而她只是一个要和男人约会的女人。

即使我们用肥胖谈话来获得确认的时候，我们也知道这是空洞而无意义的。我们越是参与肥胖谈话，对自己的感觉就越差，[1] 反过来又

---

[1]　海伦·夏普，武瑞克·瑙曼，珍妮特·特雷热：《肥胖交谈是导致身体不满的一个因果因素吗？系统的回顾和元分析》，发表于《国际饮食失调》，2013 年第 46 卷，第 7 期，第 643—652 页。

会使我们更容易发胖、减少锻炼，[1] 患 2 型糖尿病 [2] 以及饮食紊乱。[3] 而我们并不是傻子，我们知道，在一次又一次的絮絮叨叨之后，我们对自己的感觉并没有变好。但我们仍继续这样做，部分原因是它让我们有归属感，尽管这种归属感常常导致痛苦、困扰和绝望。我们需要跟上时代思潮，即便这使我们感觉自己烂得要命。

我也曾参与过"肥胖谈话"，尤其是在我年轻的时候，但是直到我悲伤又恐惧地看到我的女儿们和她们的朋友也在经历着同样的"仪式"，我才认真思考这件事。这让我想起了狗在群体中的行为方式，尤其是那些彼此不认识并且需要建立等级关系的狗，比较顺从的狗会露出喉咙，表明它们不会挑战领导者。这就是我有时对肥胖谈话的感受，这是一种向其他女性发出的信号，表明我们并没有挑战她们在这个群体中的地位。

这又引出了另一个令人烦恼的问题：我们做这些事是为了谁？谁能从"肥胖谈话"、节食、无休止的身体焦虑中获益？当我们绝望地站在镜子前，当我们挨饿、过度锻炼，当我们因为衣服不合身而在商店里哭泣，当我们走在街上评判其他女性的身体时，我们试图打动谁？

一个答案是，我们希望被认为是具有性吸引力的。我们想要合作伙伴、爱人和朋友，而且我们被反复教导，如果我们超重或肥胖，我们将得不到爱情、成功、幸福或性满足。当然，我们都知道这些并不

1　克里斯汀娜·E.等：《体重更大的成年人报告说，他们的健康行为更积极，健康状况也更好，不管体重指数如何》，发表于《肥胖》，2013 年。

2　迈克尔·D.维尔特等：《慢性体重不满意预测 2 型糖尿病风险》，发表于《健康心理学》，2014 年第 33 期，第 912—919 页。

3　夏洛特·马基：《为什么身体形象对青少年的发展很重要》，发表于《青春期和青年》，2010 年第 39 期，第 1387—1391 页。

是真的。我们确信这一点。我们显然知道男人会认为很多种女人的身材都有吸引力。比如2012年英国《红秀》（*Grazia*）杂志开展的一项民意调查发现，男人最喜欢有曲线美而不是超薄身材的女人。我们也知道，女同性恋者和双性恋者最喜欢曲线优美的女性，她们通常比社会标准重一些。[1]

所以我认为这并不能完全解释我们对苗条的痴迷，也不能解释我们为何对之一心一意地加以追求。举个例子来说，这并不能阐明一个坐在我办公室里因为穿8号而不是0号而哭泣的学生的真正痛苦。我们的文化所认可的有吸引力的身体类型的范围要比我们每天在广告和媒体上看到的"窄扁范围"要宽得多。

另一个答案是，厌恶我们的身体已经成为我们作为现代女性身份的一部分。我们成长于并继续生活在一种文化中，它告诉我们，我们的价值很大程度上来自于我们的身体和外表。即使是我们当中最具革命性的人也很难反抗这个关系。加州大学洛杉矶分校的社会学家阿比盖尔·萨吉（Abigail Saguy）创造了"道德恐慌"（moral panic）这一新术语来描述我们现在习惯上用责备、恐惧和厌恶与超重和肥胖联系在一起。正如我们所讨论的，变瘦不仅代表一种身体状况，而且代表了一种精神和道德状态。瘦与胖之间的界限标志着善与恶、美德与罪恶、成功与失败、美与丑、健康与疾病之间的界限。而我们中间有谁想要建立一个有罪、丑陋、生病和失败的身份呢？

所以，虽然临终关怀机构中不能或不愿放弃她们终生节食规则的女性看似是极端的，但至少可以说，我们中的许多人都害怕失去一些构成

1　亚当·B.科恩，依兰娜·J.坦南鲍姆：《女同性恋和双性恋女性对不同体型的吸引力的判断》，发表于《性学研究》，2001年第38卷，第3期，第226—232页。

"我们究竟是谁"的基本要素。的确，我们很多人都觉得身体焦虑定义了我们和我们的社会角色。节食故事就像分娩故事一样，是我们进入一个"俱乐部"的门票，是一种让我们饱受痛苦和希望的共同体验。如果你是一个不节食的女人，你不可避免地会变成一个"弃儿"，因为你不知道或不关心一片面包或一份蛋糕在我们心里会打多少分，因为你不会投入肥胖谈话中，也不会像很多女人那样喋喋不休、自我贬低。

这让我感到非常伤心和愤怒。我们已经到了这样一种境地：人类的核心需求之一、人们对归属感的需求，要求我们必须讨厌我们的身体（或者说我们确实讨厌我们的身体，这两种表述简直就是一回事）才能达成。我们深信，当我们打破这条不成文的规则时，当我们不按照我们"应该"的方式行事时，我们需要警告自己和彼此。

当我发布任何关于体重和健康的内容时我都会恪守批判与反省之心。几年前，我为《纽约时报》写了一篇关于健康专家的体重偏见的文章，这是一篇报道而不是评论，我引用了很多相关研究中医生和其他医学专业人士的有据可查的观点。该文在 nytimes.com 网上获得了 700 余条评论，其中很多反馈是愤怒、险恶和残忍的（在网络上得到的恶评比其他方式得到的反馈更严重）。"变胖和令人厌恶是个人选择，"其中一人写道，"胖人会占用有缺陷和障碍者的停车位，而他们实际应该把车停得比任何人都远！他们唯一的缺陷和障碍就是懒惰和缺乏自控。"

《纽约时报》的许多评论者为医生对肥胖病人的偏见辩护，当其他人认为这种态度可能没有建设性时，他们（包括医生自己）变得愤怒起来。一位表明自己是心外科医生的人写道："我一般都很反感（肥胖的人），而且非常清楚他们公开的饮食习惯。其实很简单：卡路里的摄入和燃烧；只要改变比例，就能减肥，你做出了错误的选择，不要责怪别人。"

许多评论都像这个名叫"加里"（Gary）的评论一样："当我在大一时体重增加了 30 磅，我卖掉了自己的车买了一辆自行车，从那以后我就再也没有担心过锻炼问题。当我向那些在体重上挣扎的人提出这个建议时，我总是得到某种形式的'这对我来说太难了'的反馈。好吧，算了吧。我确实给了建议了，你不要仅仅因为它具有挑战性就去抱怨。"

如果你曾看过《穿普拉达的女魔头》（*The Devil Wears Prada*），那么这种态度你不会陌生。心理学家称这种态度为"蜂王综合征"（queen bee syndrome），用来描述公司中那些通常在男性主导的职业中一路晋升的女性，她们认为其他女性也必须像她们那样做。她们拒绝指导年轻女性，而且在工作场合对女性的态度往往比男性强硬得多。[1] 我把它称为"同病相怜综合征"（misery-loves-company syndrome），我付出了代价，你也应该一样。没有人帮助过我，我为什么要帮助你？同理，在体重问题上，我为达到这个身材而受苦，如果你想看起来像我一样，你也应该去受苦。"人们可能认为减肥是她们最骄傲的成就，"阿比盖尔·萨吉（Abigail Saguy）说："她们不希望减肥的价值被贬低。"

另一篇我为《纽约时报》写的关于肥胖悖论的文章引来了更激烈的评论。你可能会松一口气，因为我们如果增重了 5 磅也不注定会早逝。但是，体重降低在某些情况下可能给健康带来一些好处的建议仍会让一些人抓狂。

1　G.斯坦斯，C.塔维斯，T.E.贾亚拉特纳：《蜂王综合征》，发表于塔维斯等：《女性的经验》，德尔马雷，加拿大：传播研究机械出版社 1973 年版。

　　我明白了，就算是我明白了吧。我们已经接受了"变瘦总是好的"的观念——我们中的有些人相比其他人更加笃信这个观念。那些挣扎过或者仍在挣扎着减肥的人都深深地投入减肥的过程中，并且深信这么做是必要的。我们中的很多人都认为变瘦或保持瘦身是势在必行的：我们吃什么？吃多少？我们是否锻炼？锻炼多少？如何购物？如何着装？如何抚养孩子？如何思考和谈论自己？我们生活中一些最基本的内容都被不惜任何代价去追求瘦身所驱使。特别是对于天生不瘦的人，也就是心理学家德布伯·加尔德 (Deb Burgard) 所说的"体重抑制"(weight suppressed) 的人而言，意味着她们是在与自己的生理机能做斗争以保持更低的体重，因为这是一种筚路蓝缕的过程，需要不懈地努力才能有明显的减重效果。正如黛布拉 (Debra) 在第二章中所观察到的那样，减肥倡导者经常说，减肥并不是一种生活方式，它是一项工作，是你做过的最难的一份工作，是一份比全职还要累人的工作。

　　任何形式的偏见都来自于恐惧。在一个人们对肥胖的恐惧超过了对死亡、疾病或痛失亲人的文化中，人们可以在体重问题上极尽刻薄地畅所欲言。她们生气地结束友谊，向陌生人发送仇恨邮件，发布像新墨西哥大学进化心理学家杰弗里·米勒 (Geoffrey Miller) 所写的那种刻薄推文："亲爱的肥胖博士学位申请者：如果你没有停止进食碳水化合物的毅力，你也将不会有做一篇论文的毅力 # 真相 #。"他们也担心他们有朝一日会变胖，或者担心会反弹（这里的"胖"指的是比"超重"只重 5 磅以上）。显然，这是一种可怕的前景。

　　除了恐惧之外，还有其他因素在起作用。我们一部分的身份概念，比如我们如何认识自己在世界中的位置，可能源自一种对特权的寻求，一种授予给特定群体的特殊优势。在这种文化中，保持苗条无疑被赋予了特权，而且具有很多特权。身材苗条的人不必担心在公共场合吃饭而被人取笑、在飞机上被人鄙夷，自己的照片被转而用来嘲笑身材肥硕的人。她们无须面对胖人每天所遭受的耻辱与污名。而且，我们必须要面对的现实是，没有人愿意放弃特权。一旦我们拥有了它，我们就会觉得有资格享受它。"人们不想被告知特权是不应得的，"萨吉（Saguy）深思熟虑地说，"她们想要通过刻苦行动和计算卡路里来挣得这份特权，并且一直保有这份特权。"

几年前，萨吉出版了一本书叫《胖有何错？》（*What's Wrong with Fat*），她收到了很多恶毒的信和充满敌意的评论，其中一些令她惊讶不已。"人们对我说，你不知道你在说什么，因为你就是个肥婆。"萨吉笑着说。而她恰巧身材苗条、很有传统美。在她写有关体重的文章前，她研究的是性骚扰，这是另一个引发激烈争论的话题。萨吉说，人们对她有关体重研究的反应远远比对她性骚扰研究的反应更激烈。她说："在一次晚宴上，一个朋友竟然因为我研究体重问题而发出了尖叫，这真让我尴尬。"

如果说有什么关于偏见的好消息的话，那就是肥胖歧视的受害者开始大声疾呼并行动起来。去年，一位刚刚毕业于卫斯理大学并获得生物学学位的年轻女士蕾切尔·福克斯（Rachel Fox），在她为《高等教育纪事报》（*Chronicle of Higher Education*）撰写的一篇名为《太胖了不可能成为科学家？》（*Too Fat to Be a Scientist?*）的文章中，描述了她在 STEM 领域因体重而备受羞辱的相关经历。一位正在面试她做实验工作的教授介绍说，她的员工是协作无间的，她接着补充道，她不需要一个"吃比萨超过了她应得份额"的人，"你明白我是什么意思吧"。

当福克斯震惊而结结巴巴地说不明白的时候，她是真的不明白教授为何要这么说话。教授唐突地结束了面试，也没有再回复福克斯的后续邮件。

在获得夏季研究基金期间，福克斯的一位资深同事跟她搭讪，告诉她每天不应该摄入"超过 1200 或者 1400 卡路里"。福克斯说："你怎么知道我没有这么做呢？"这位同事显然不相信她，她觉得也许福克斯没有准确地测量食物的分量。"这是一个和我并肩工作的女性，她去度假的时候指望着我来帮她保持她的细胞培养活力，这位我的同事却暗讽我不知道如何使用量杯！"福克斯气愤地说，"她怎么能前一秒还相信我对她未来的研究有帮助，下一秒就觉得我太笨了以至于看不懂营养标签和金字塔型膳食组合？"[1]

她补充说，如果这种偏见来自科学家，那么它的伤害更大。因为他们本应该理解复杂性和细微差别，尤其是涉及人体机能的复杂运作。但一谈到体重，他们却又会回归到我们这些普通人的刻板偏见和假想中。福克斯目前正攻读叙事医学的硕士学位，她希望这有助于开展好宣传工作。一个明显有才华的科学家——同时也是一位女科学家——被她喜欢的领域所驱逐，这让人感到悲哀。但她愿意表明立场并就此发表公开声明，这让我看到希望，因为这正是促进事情开始改变的唯一方式。

前医药代表切维塞·特纳 (Chevese Turner) 利用自己的体重耻辱成立了"暴食症协会"(Binge Eating Disorder Association，简称 BEDA)，这是一个非营利组织，致力于倡导和劝说人们认识和治疗暴食症，这

1　雷切尔·福克斯：《太胖了不可能成为科学家？》，发表于《高等教育纪事报》，2014 年 7 月 17 日。

种疾病影响了多达5%的人口（并不是所有超重和肥胖的人都有暴食症，也不是所有患暴食症的人都超重或肥胖）。特纳本人也曾与暴食症斗争过，并且对体重羞辱感受透彻。"人们认为肥胖是个人选择的结果，因此她们应该受到责备，"她说，"我可以直接告诉你，我们没有选择这个，它由一系列情况所导致。你患了这个病，就不得不解决它。"特纳的"解决它"包括建立一个为成千上万的人提供信息、增强意识和提供资源的全国性组织。

一位电视女主播发现她找到了一种对体重偏见回击的有用方式。当威斯康星州拉克罗斯市的一名广播记者詹妮弗·利文斯顿（Jennifer Livingston）收到一封恶意批评她体重的电子邮件时，她在广播中读到这封邮件，并借此大声地总结了这封邮件的内容：霸凌。"真正让我生气的是，有些孩子每天收到的电子邮件和我收到的一样严重，"她神情严肃地说，"所有感到迷茫的孩子，与你的体重、肤色、性倾向、残疾，甚至是你脸上的痘痘斗争过的孩子，现在请听我说，不要让霸凌来定义你的自我价值。我的亲身经历告诉我，与许多人的呐喊相比，一句残酷的话语根本不值一提。"她充满激情、逻辑清晰的回应在网上获得了数百万的评论。

至少利文斯顿的批评者止步于这封电子邮件。而来自佛罗里达州博卡拉顿的电影制作人琳德塞·艾弗瑞尔（Lindsey Averill）就没这么幸运了。去年春天，艾弗瑞尔和她的商业伙伴维利迪安娜·利伯曼（Viridiana Lieberman）一起创立了一个众筹平台，资助了一部名为《胖人的态度》（*Fattitude*）的纪录片，该片讲述了文化是如何纵容肥胖偏见的。和一些少量的个人认捐者一起到来的是一些负面的电子邮件和信息，上面写着"闭嘴，吃你的甜甜圈吧"和"你这个大懒汉，离开你的沙发去锻炼吧"。这并没有让她们感到惊讶，任何一个发博客、写文章或谈论体重问题的人，无论他们的真实身材怎样，都会接到这类的辱骂信息。

当仇恨发生在离家更近的地方时，人们很难对它一笑置之。在艾弗瑞尔和她的商业伙伴启动她们的众筹平台之后，她们在 YouTube 上发现了两个不恰当地使用其预告片的片段进行剪辑的视频（一段视频用带有种族主义和反犹太色彩的素材对她们的预告片加以剪辑）。艾弗瑞尔要求 YouTube 以侵犯版权为由将其撤下，就在那时，反对她的运动真真切切地开始了。除了常见的恶意信息之外，她开始收到别人寄的比萨和其他东西，这证明了仇恨她的人知道她住在哪里。她的丈夫开始在他的房地产办公室接到电话，从电话那头传来《赌场风云》（Casino）电影中的台词："我出狱后，就要来杀死你。"

"从那时起，我们开始感到恐慌，"艾弗瑞尔说。她给警察打了电话，警察很同情她，但也无能为力。即便一个匿名的网络发布者已经声称他住在她的镇上，并写下了："我可以找到这个婊子，然后杀了她。"当地电视台报道了这个事情，随后全国各地的媒体也跟进了此事。讽刺地是，艾弗瑞尔的工作竟然是以此种方式而引起人们关注的。众筹平台的资金筹集到了，纪录片拍摄也在进展中。

我问艾弗瑞尔，为什么她的项目招致了如此强烈的仇恨，她的回答与萨吉的观点不谋而合。"不论胖瘦，所有美国人都已将这种'肥胖可怕'的观念内化于心了，"艾弗瑞尔告诉我，"她们过度锻炼，吃得太少，生活在一种常态化的恐惧与惊慌之中。而我们不惜一切代价避免这种情况。所以，如果她们允许别人说'肥胖是可以的，你不该刻薄地对待胖人'，那么她们自我折磨的一生就白费了。"

我们每个人都是同病相怜，换句话说，在同病相怜中夹杂着大量的评判。每个人都觉得自己有权利把它传播出去。不久前，我所在大学的一个学生在学生日报上发表了一篇评论，认为虽然偶尔吃一品脱冰激凌也许是没问题的，但是如果发胖了就会有问题。如果你有一天醒来发现自己胖了的话，你就有义务行动起来去做点什么。"每个人都应该被'过完全健康的生活'所鼓舞，"她写道，"公然让自己过不健康或改变瘦身规则的生活，这种情况是不可接受的。"[1]

我邀请这个学生来和我谈话，她很讲信誉，她现身了，但她不能也不想开始去质疑她关于体重和健康的假设。我理解，无论你质疑体重、种族、气候变化还是任何一个你觉得不能承受其重的内容，都是一个令人提心吊胆的过程。我理解一个20多岁的健康的、魅力四射的跑客（runner），可能很难把自己置于别人的立场上去思考问题。

我不明白的是这种虚假的关心掩饰了多少评判。没有规定要求你必须喜欢胖人或者娶一个。基于体重的偏见虽然不犯法，但确实普遍可见。如果我们真的担心人们的健康，那么就不会容忍那些令人不快的推文、电子邮件和公众评论，就不会容忍这种对胖人的羞辱、死亡威胁和匿名信件。我们要讨论的是如何尽可能地支持人们最大限度地健康生活，不仅仅针对胖人、白人或有钱人，而是每个人。评判和否定并不是为了促进人们健康生活，它们会将我们每个人都拖入耻感文化的海啸里。

羞耻和污名不仅会带来生理上的影响，也会带来心理上的影响。任何一种污名，不论它是关于体重的、种族的、阶级的、性别的，还

---

1 乔吉·S.：《"肥胖接受运动"优先考虑的是舒适而不是健康的生活方式》，发表于《每日橙色》，2014年9月24日。

是心理健康的，都会增加皮质醇的水平，即所谓的应激激素，这反过来又会使血糖和血压升高，最终会导致体重上升。[1] 哥伦比亚大学健康政策教授皮特·穆尼格 (Peter Muennig) 研究了污名、体重和健康之间的联系，他得出结论认为，在一个妖魔化肥胖的文化中，变胖所带来的压力是有碍健康的。[2] "如果我们认为超重是羞耻的，认为羞耻是一种心理压力的话，为什么我们不认为至少有一些我们对肥胖的观察是来自于心理压力呢？"穆尼格问道。他的研究结果表明，各种受歧视的人群更容易患上糖尿病以及其他与体重相关的疾病。[3]

最糟的评判

帕特 (Pat)，60 多岁，在美国东北部的一所大学教授传播法律

我第一次发现自己是个胖子是在幼儿园，那时一些我不认识的人告诉我我是个胖子。在我的一生中，我曾三次通过节食保持了正常的体重。每次我这样做的时候，我的新陈代谢都下降一个等级，这从长远来看是适得其反的。

对我来说悲剧的是，我以人们对我的评价来评判其他大块头的人。我发现自己看见大块头的人就会认为他们不太在意自己的外表，他们可能很懒，他们可能很愚笨。我知道过去人们正是这样评

---

1 《长期的压力会使你的健康处于危险之中》，梅约诊所，作者于 2014 年 10 月 24 日访问 www.mayoclinic.org/healthy-living/stress-management /in-depth/stress/art-20046037.

2 皮特·穆尼格：《身体政治：污名化与身体相关疾病之间的联系》，发表于《BMC 公共卫生》，2008 年第 8 期。

3 皮特·穆尼格：《身体政治：污名化与身体相关疾病之间的联系》，发表于《BMC 公共卫生》，2008 年第 8 期。皮特·穆尼格：《我认为我是：将理想体重视为健康的决定因素》，发表于《美国公共卫生》，2007 年第 98 期，第 501—506 页。（此文收录的具体时间有歧义。原作的附录中标注的是 2008 年第 98 期。——译者注）

价我的。我这样做真令人不可思议，我多希望我没有这么做过。

所以，我有意尝试着让自己把人们当作个体来看待，当作一个人来看待，不论他们的体形是怎样的。我希望更多的人能学会这样做，我也希望在未来的几年我们能相互分享这些经验。而这是非常非常困难的。（因为）即使在我们这些外表看起来"不正确"的人心中，"存在一种'正确'的观察方式"的观念也是根深蒂固的。

他还指出，直到现在，被社会认为肥胖的人彼此之间还缺乏认同感和群体意识。"即使胖人也认为她们的体重是她们的错，"穆尼格说，"因此，你看到的其他肥胖的人，他们肥胖也是咎由自取的。"我们真的可以成为自己最糟糕的批评者。面对来自于你自己头脑中讨厌的声音比面对来自外界的任何偏见都要难得多。

丽贝卡·普尔 (Rebecca Puhl) 和一些人把基于体重的歧视视为一个社会正义的议题。"数百万人都受到这种歧视的潜在影响，"她说，"这和其他偏见一样具有破坏性，但它并没有引起公共卫生界的广泛关注。"告诉像丹尼尔·卡拉汉 (Daniel Callahan) 这样坚持认为偏见对肥胖人士来说是一种很好的保健策略的人。

即使你自己从未有遭受到过体重偏见，但如果你有孩子、侄子、外甥或有孩子的朋友，你可能也会受到影响。虽然胖孩子比瘦孩子更容易被欺侮，[1] 但即使是瘦孩子有时也会因为自己的体重受到骚扰。令人惊奇的是，丽贝卡·普尔 2011 年的一项研究发现，许多中等及略高

1　朱莉·路梦：《三年级到六年级：体重状况预示着是否被霸凌》，发表于《小儿科》，2010 年第 125 期，e1301-e1307.

于体重指数 BMI 的青少年因体重问题而受到戏弄和羞辱。普尔可以想到两种解释：也许现在关于美的理想标准太狭隘了，太严格了，以至于即使是极微小的偏差也会引发羞辱；或者，也许青少年们会互相嘲讽体重，因为他们知道这会伤害到彼此。他们知道这是一个敏感点，即使被他们嘲讽的人并没有超重。[1] 因为对肥胖或被认为肥胖的焦虑已经变得如此普遍，甚至是天生瘦弱的孩子也会将其内化。

　　这就导致了这样一个事实：几乎不可能知道如何与孩子，尤其是女儿一起对付（或不对付）体重问题。当你和你的孩子在同样的问题上挣扎时，你不可能说出正确的话或者做正确的事情。在我的采访中，我曾和许多正在努力解决自身问题，并试图弄清楚如何帮助她们的孩子的母亲交谈过。最震撼我的故事来自一位母亲，她小时候很胖，并且因为体重遭受了巨大的羞辱。她的母亲曾在房间周围设置食物诱捕陷阱，以便在她吃不该吃的东西的时候抓住她。她不想让女儿重复经历她所受的苦。她告诉我："所以我会一遍遍地不停地质问她吃了什么，我抓着她的双下巴质问她。"质问的过程中出现了尖叫、哭闹，并且导致了关系的破裂。现在，这位母亲希望与已经成年的女儿修补她们之间的关系。

　　父母，你爱和信任的人，他们批评你的身体 [也就是你的"本我"（essential self）] 所带来的伤害会一直伴随着你。丽贝卡·普尔对参加减肥夏令营的孩子和青少年进行了调查，发现其中超过三分之一的人表示，他们曾因为体重问题受到父母的嘲笑或羞辱。另外一半的人说他们曾因为体重问题被老师或教练羞辱过，而几乎所有人都说他们被

1　丽贝卡·M.普尔，约尔格·卢迪克：《青少年在学校环境中基于体重因素的受害行为：情绪反应和应对行为》，发表于《青春期和青年》，2011 年第 41 期，第 27—40 页。

同龄人羞辱过。[1] 也许有些父母只是单纯的刻薄，甚至是粗言秽语。例如肯塔基州伊丽莎白镇一个名叫克里斯托（Crystal）的 25 岁女孩，她的父亲在她 8 岁的时候指着她的大腿说："你的大腿比我的腰都粗。"当他从前妻家接她时，就曾对她说："你比我上次见到你时胖了好多。"当她穿戴整齐试图讨好他时，他噘着嘴说她的脚很胖。

但我猜，在普尔的研究中，有些家长（尽管被误导了）是在试图让自己的孩子免受我们文化中伴随肥胖而来的那些羞辱。一旦你被贴上"胖小孩"的标签，一旦你把它作为你身份的一部分，你就永远摆脱不掉这种羞辱。

由夏威夷大学的心理学教授珍妮特 · 拉特纳 (Janet Latner) 主持开展了一项令人不安的研究，受试者首先阅读了对两类人的描述 : 一类是那些曾经肥胖但现在变瘦的人；一类是曾经肥胖但体重减轻了，但仍然被认为是肥胖的人。之后受试者填写了他们对这些想象中的人的感受的调查问卷。不出所料，那些被描述为体重减轻但仍然被认为是胖人的人被认为是最可耻的人。意想不到的发现是，那些曾经肥胖但现在变瘦的人也受到了大量的指责和羞辱。[2] 一旦你曾经胖过，那么你终身都洗刷不掉胖子的烙印，至少在世人眼中这是一条铁律。

另一方面，我也听说过这样的故事，一个从患有厌食症的青少年的病房走出来的儿科医生感叹道："如果我有个那样的母亲，我也会得厌食症。"不要忽略这些事实：父母不会引起孩子的厌食症。任何因饮食失调而住院的孩子的母亲都可能显露出她的焦虑和愧疚感。出现这

1　丽贝卡 · M. 普尔，吉米 · 李 · 彼德森，约尔格 · 卢迪克：《以体重为基础的受害行为：寻求减肥治疗的青年经历的霸凌经验》，发表于《小儿科》，2013 年第 131 期，e1-e9。

2　珍妮特 · 拉特纳：《残留的肥胖污名：减肥史上基于肥胖和赢瘦为目标的偏见的实证研究》，发表于《肥胖》，2012 年第 20 期，第 2035—2038 页。

种情况已经有一段时间了。当我女儿住院的时候，我觉得我的脸上就像带着一个巨大的标志，上面写着："是我害了我的女儿。"

父母真的真的非常难帮助他们的孩子驾驭其体重、身体自信和健康。我们大多数人几乎自己都做不到驾驭我们自己的这些问题。我敢肯定我从来没有批评过我任何一个女儿的身体，部分原因是因为我从来没有感觉她们需要被批评。但我确确实实记得，我也曾站在镜子前批评我自己的身体。尽管我向她们保证她们无论什么样子都很美丽。当时我并不知道，我贬低自己身体的行为比世界上所有的恭维对她们的实际影响都要大。这一直是我为人父母最大的遗憾之一。

任何减过肥的人，哪怕只有一段时间，都知道它能极大地改变别人对你的看法和反应。我记得我十五岁时减肥的好处之一就是男孩们突然对我产生了兴趣，我从一个与浪漫无缘的人变成了一个至少被一些人所喜欢的对象。当时也就减下来 20 磅而已。

当然，这也是我们进行节食的首要原因：改变别人对我们的反应。在我们的减肥幻梦里，我们的友谊和爱情将会开花，我们的困难将会消失，一只神奇的独角兽会把一大锅黄金送到我们家门口。然而，当事情没有这样发生的时候，我们会感到惊讶。

特里(Terri)，纽约银行的监察员（他的医生认为她在谎报她吃的东西），还记得十四年前在慧俪轻体减肥中心减掉 86 磅时的感受。这根本不是她所期望的结果。"我觉得自己真的很脆弱，"她说，"我不喜欢人们对待我的方式。我本来聪明能干，但我突然觉得人们对待我就像我很软弱、无助、愚蠢一样。"她还得到了很多她认为是朋友的人的无谓的浪漫关注。

帕特里克(Patrick)，图书管理员，变成了一个跑客，减掉了 80

磅，在他开始节食前，他从未想过会对自己的外表和生活方式不满意。他的动力来自他的医生对他的公开侮辱，而不是他对自己外表的忧虑。也许这就是为什么他惊讶地发现，随着他越来越瘦，他与别人的关系发生了巨大变化。"当你意识到一切都没有改变，你还是原来的那个人，但是人们对你的态度却不一样了，这多么多么让人沮丧啊，"他说，"这说明了在这个世界上天下乌鸦一般黑，与你是谁无关。我敢肯定，女性的情况要更糟上百倍。"他坦言，几年之后，当他和妻子搬到另一个城市时，他感到了解脱。"在这里，不是所有人都知道我曾减掉过这么多，"他说，"我现在只和某些特定的人分享我曾经的经历。"

帕克通过减掉 80 磅意识到人们一直在通过他的外表来评判他，即使那些了解他的人、他的朋友们也是这么做的。这并不会让大多数女性惊讶，我们从出生起就开始知道别人在不断地评价我们的身体，我们自己也这样审视自我。

卡罗尔 (Carole)，纽约州北部的一位 56 岁的艺术顾问，四年前曾做过胃旁路手术，并在之后的两年里减掉了 175 磅。手术后，随着体重的减轻，许多朋友和熟人都在告诉她手术前她也很漂亮。他们的评价使她感到困惑，也激怒了她。"在那 25 年里，没有人看着我的眼睛说，你真漂亮，"她现在说道，"从来没有人对我这么说过。"

她还记得她"肥胖岁月"中被羞辱的经历。在她开始做顾问之前，她是一所著名大学的院长，做得很成功，而且她也认为自己很受欢迎。但她永远不会忘记那天她的四名教职员走到她的办公室告诉她，她让学校感到难堪，尤其是她有辱筹款人之名——但她对这项工作确实做得很好。"他们告诉我一位新教员曾用他吹气时鼓起脸颊的样子来描述我，这应当引起我的思考。"她回忆道。她把他们赶出了办公室，强咽下他们的话，直到他们走远，她哭了出来。

在担任院长的九年中，还有其他很多与工作有关的肥胖羞辱事件。例如，同事告诉她她（总被其他人）认为是不太聪明的；同事和上司都可以随意问"那么重有什么用呢"，最终，八卦、嘲笑和纯粹的蔑视（甚至出于她认为是朋友的人之口），促使她放弃了自己喜欢的工作，并选择了减肥手术。

自从减肥后，卡罗尔与许多以前的同事和朋友的关系发生了很大变化。"我确信人们觉得我比四年前更有活力、更聪明了，"她说，"这太不真实了，如果你想想当我差不多比现在重 200 磅的时候所有要做的所有工作，就知道了。当我走进一个房间，我就不得不去弄清楚我要坐的地方，这只有我自己知道。始终要驾驭位置和空间总是凌驾于我的高度分析性的工作之上。"

我没有病
丽萨贝斯（lizabeth），华盛顿特区的商业顾问

我妈妈患有肌肉萎缩症，这是一种损耗肌肉且越来越严重的病。这种病会使她在去世的时候非常痛苦，因为她的身体将日益溃散、横膈膜将失去力量，心脏将逐渐失去跳动的能力，但是头脑却将保持清醒。她已经没有办法利用腿部的肌肉了，她的胸部和手臂一定程度上也已经萎缩，以至于她的心脏处于一个奇怪的位置上。

我妈妈得了一种病。

我比较胖，有一个大而美丽的身体，可以做我要求它做的所有事情，为此我感到非常幸运。假如我没有意识到我的身体可以

比我妈妈的身体做更多的事情，我就丝毫不会去承认它所拥有的特权。

我没有病。

当人们谈论与健康有关的尺寸和形状时，有许多事情会被随意混淆。当我知道一种疾病对身心和一个家庭的真正伤害时，再把我的身材称为疾病的话，就会使我立刻警觉起来，挑战我在交谈中保持优雅风度的能力。并不是因为我为我的妈妈感到羞耻，也不是因为我对"疾病"或者残疾感到羞耻，而是因为将我的身材和摧残我妈妈致死的疾病相提并论会触动我的神经。

但是，如果是我妈妈把它们混为一谈了，这会如何呢？唉！

我妈妈，她健康（或者我应该说生理上健全）的时候，是我和我家庭里所允许的我们"应该"拥有的身材保持一致的时候。直到今天，她大部分时间都是在家里，无法独自行走，而且其他的问题也威胁着她的健康，但她仍在节食。她认为肚子上的赘肉是需要对抗的东西，即使在一个社交圈子里也是如此。

在我成长的过程中，我的妈妈和许多妈妈一样，都是作为我要学习的可被接受的（或者说由于缺少）身体的典范，她运用她所拥有的一切工具而把这件事做到最好。她想让我远离伤害，走出"火线"，所以她教我节食，努力追求苗条，批评和讨厌任何不足之处。今天，她烟瘾很大、喝酒、独处，正如你所想象的那样，她患有严重的抑郁和焦虑。我认为，她的病是造成这些问题的重要原因。

另一方面，对我来说，适当的休息、爱护自己、喜欢自言自语、用心享受运动，这些都是我保持自信、精神稳定和快乐的关键。当我认识到身材的多样性，学会感恩自我，而不是自我批评的时候，我从生活中收获了很多。你看，我已经（应当）陷入我妈妈现在所处的耻辱旋涡和沮丧之中，只是我觉得这是由于我的体形和我对"肥胖意味着有病"开始有了"理解"。

从外部的角度来看，主动在行动中贯彻不请自来的虚伪观点是很可笑的。有些行为（即使我投入其中别人也不会真的在乎）——羞耻、自我厌恶、很多节食谈话和改变身体的尝试，都是我妈妈曾参与的行为，但是自从她患有肌营养不良症而残疾，它们都向她充分证明那都是错位的焦虑。他们是同样的人，都认为我的身材是有病的，并希望我做出改变。但是因为她的病是不同的，所以她应不遗余力地展示自己的同情心。损耗性疾病等于同情心；而肥胖病却等于憎恶体重。

事实是，我没有尝试改变我的身体，而我妈妈尝试做了，结果我是健康的，我妈妈是不健康的，这是多么的不公平哟。进一步的事实是，她认识不到自我同情、自我照顾和自我爱护是如何让我的生活变得更好的，她不能投身于这些之中，这是一个简单的、残酷的事实。

我将继续和我的妈妈交谈，那个认为我做错了、我的身体是有问题，以及认为我不应该爱我的身体的人。我要试着让她学会爱上陪伴着她的身体，不管它现在是什么状态，因为如果我不这样做，那么没有其他人愿意为她这样做了。

此外，她与男性朋友、同事的关系也发生了并不微妙的变化。她的前同事，一个比她大十岁的已婚男性，对待她的方式完全改变了。

以前，他们的关系是合得来的，但算不上亲密。"现在他痴迷地靠近我，想跟我一起说闲话、吃午饭。"她说，"现在他想和我做朋友，因为他觉得我更有魅力了。老实说，我更喜欢在我胖的时候他对待我的方式，因为那时的我才更加真实。"

在一个吐槽身体实际已经演化成一项"奥林匹克运动"的文化环境中，如果有谁没有时不时地做点什么，我都会很震惊。正如丽贝卡·普尔 2008 年的一项关于体重歧视的研究中所显示的那样，如果你是一个女人，你就不应当肥胖，不应当明显超重。[1]

即使你还没有因为体重而被直接点名、被拒绝坐飞机，或者被羞辱，你也可能会担心别人对你身体的看法。变胖的恐惧从很早就会开始，并将持续一生。在一项著名的在线调查中，有近半数的受访者表示她们宁愿少活一年也不愿变胖；三分之一的人称她们宁愿离婚也不愿变胖，而四分之一的人相较于变胖宁愿选择不孕。[2]

这种恐惧和偏见在驱使我们执着于追求和保持苗条方面起着巨大的作用。现年 65 岁的约瑟夫·马吉丹（Joseph Majdan）是费城的一名心脏病学家，他已经经历了无数次体重循环了。他在"最佳断食法"（Optifast）、"快验保"（Medifast）、慧俪轻体（Weight Watchers）、"珍妮·克莱格体重管理公司"（Jenny Craig）都减掉了同样的 100 磅——你能想到的，他都已经尝试过了，但每次体重都又反弹回来了。"真的，肥胖病人知道如何减肥，"他说，"但是怎样才能保持住呢？这简直就是无路可走。"

1　R. M. 普尔，T. 安德洛墨达，K. D. 布劳内尔：《对体重歧视的看法：美国种族和性别歧视的流行与比较》，发表于《国际肥胖》，2008 年第 32 期，第 992—1000 页。

2　马琳·施瓦兹等：《一个人自身的体重对隐式和显式的反肥胖的偏见的影响》，发表于《肥胖》2006 年第 14 期，第 440—447 页。

"肥胖羞辱"使马吉丹一次又一次地减肥（并最终重新回归原来的体重），其中大部分的羞辱都来自医学同事。一天下午，在医学院，一位医生在自助餐厅排队时走近他，大声说："你知道你应该注意自己吃的东西了吧。你看不见你现在的样子吗？"在马吉丹担任医师的第三年里，指导这个小组的主治医师定期带领整个小组在费城潮湿的夏日里攀登九层台阶，他说："你们中有一个必须减肥。"在一次采访中，一位心脏病专家指示他选择一个不同的座位，因为他害怕马吉丹把椅子坐坏。其他医生告诉他的朋友和同事，他们永远不会把病人转给马吉丹，因为他的体形太大了。有一天，另一位心脏病专家在街上拦住他，对他说他看上去不招人喜欢，并且问他："你不觉得羞耻吗？"

"如果一个人得了复发性癌症，医生会非常同情，"马吉丹说，"但当一个人体重反弹时，就会遭到嫌弃，这不论是在道德上还是专业上都是令人憎恶的，也是错误的。"[1]

几年来，我已经和马吉丹就这个事情谈过好几次了。当我第一次采访他时，他已经减掉了大约 100 磅，并且通过艰苦的日常锻炼计划（骑 20 英里自行车和在斯古吉尔河上划船），以及每天吃差不多相同的限制性菜单：蛋白、鱼、希腊酸奶、蔬菜、沙拉（无酱）、无糖果冻和一片水果，来保持他较低的体重。当我评论说他的日常行为听起来很像患有饮食失调的人会做的事，他立马表示同意。他说："这正是我为了保持体重而不得不去要做的。"在他看来，这种交易是划算的。

两年后，他的体重又反弹了一半，并再次陷入羞愧和自我厌恶的怪圈。不过，这一次，他把问题看得一清二楚，他直言不讳道："《宪

---

1 这些评论来自于对马吉丹的两次个人访谈以及他的文章《一个肥胖医生的回忆录》，发表于《内科医学年鉴》，2010 年第 153 期，第 686—687 页。

法》或《独立宣言》中有哪一条说，除了胖人外，所有的人都是生来平等的？"他又问道："当你超重或肥胖时，社会会让你认为自己是二等公民、三等公民、二十等公民。"

我们对我们的生活和行为，及与体重做斗争的认识不可避免地与社会"认知"产生冲突，这是导致我们许多人对自己的身体感到如此苦恼的原因之一，至少可以这么认为。现在"超重"或者肥胖就意味着你将感到羞耻、绝望，以及被困在一个你可能无法改变的环境中的所有沮丧。它会让你陷入这样一种境地，在这里无论比别人重 5 磅还是 105 磅，你都会觉得很不自在；而你的身份取决于你的锁骨是否突出和你的屁股是否适合坐飞机。

我很高兴人们开始用不同的方式谈论体重，他们正在摆脱基于体重的偏见、反抗当下狭隘的身体文化规范。我认为，变革正在发生，我们面临的下一个重大问题便是这种变革将是怎样的，以及我们该如何使它继续下去。

第七章
现在该做什么？

"告诉我，你打算怎么度过你疯狂而宝贵的一生？"

——玛丽·奥利弗（Mary Oliver），《夏日》（*The Summer Day*）

去年6月，一个由密苏里州参议员克莱尔·麦卡斯基（Claire McCaskil）领导的参议院小组委员会针对减肥广告惯用的欺骗性产品与噱头举办了一堂听证会。在场的明星证人为毕业于哈佛大学的心胸外科医师穆罕默德·奥兹（Mehmet Oz）博士，他虽然没有多么卓越但非常有影响力，他在《奥普拉·温弗里秀》（*The Oprah Winfrey Show*）节目首秀之后他便收获了众多粉丝。麦卡斯基让奥兹博士对一些膳食补充剂做出声明，这些东西常常被广播或报纸吹嘘为能够"永久击败肥胖"的"奇迹疗法"，例如效果未被证实和检测的青咖啡豆萃取物、覆盆子酮以及藤黄果。

"我明白你在节目中做了很多好事，"麦卡斯基说，"我理解你通过深入浅出的方式为大众提供了许多非常有用的健康信息。你非常有天赋，很明显，你非常聪明，而且你受过科学的医学训练。但我不理解你明明清楚这些并不是真实的，为什么还要这么去宣传。科学界一致反对这三种被你称为'奇迹疗法'的产品的功效。"

奥兹的回应是真情毕露的。"我认为我在电视节目中的工作就是要为观众做一个啦啦队队长，"他对委员会说，"当她们觉得没有希望，觉得自己做不到的时候，我想去到处寻找一些也许能够支持她们的证据，包括那些另类的传统疗法。"[1]

奥兹所说的实际上就是，减肥的愿望对人们是如此的重要，出于体贴、出于善解人意，卖给她们能燃起希望虽有些可疑的产品也没有什么大问题。他所说的是，肥胖或者臃肿是一种非常可怕的命运，以至于让人们冒点风险以免落入绝望，不放弃变瘦的愿望，这种做法并没什么问题。照奥兹所说，用愚蠢的"不惜一切代价变瘦"的方式鼓励人们减肥是 OK 的，因为，嘿，她们可是有百万分之一的概率能够通过青咖啡豆萃取物"快速燃烧脂肪"哦。

当我们提到体重的时候，一些完全荒谬的现状就会演变成完全荒谬的结论。作为一个医生（并且是一个公认的优秀医生，至少在某些方面），奥兹必须意识到有很多减肥药物和补充剂已被发现会引起严重的副作用乃至死亡：例如芬芬（fen-phen）、西布曲明（sibutramine）、利莫那班（rimonabant）、麻黄属植物（ephedra）、卡瓦利尿剂（kava kava）和其他一系列大量的药物。他应该知道并没有什么魔法药片，也没有什么能起作用且效益大于副作用的燃脂化合物。他的真正罪恶在于，他忽视了现实并且持续地强化了一种认知，仿佛变瘦是一件如此重要的事情，哪怕让人们不惜任何代价去实现它都是值得的。

在研究和写作本书的过程中，我有过太多的瞬间感到内心在剧烈

1　珍·克里斯滕森，雅区埃·威尔逊：《国会听证会调查奥兹博士的"奇迹"减肥声明》，CNN2014 年 6 月 19 日，参见 www.cnn.com/2014/06/17/health/senate-grills-dr-oz/.

冲突，我对我们陷入的这个荒唐、无意义并且危险的怪圈感到震惊。不久前我就有这么一次心痛难挡的感触，当时我在读一本医学杂志，它为年轻人越来越多的肥胖风险而哀叹，并且呼吁新型的、"严肃的治疗方法"（serious treatments），其中包括更多的节食药物以及针对儿童和青少年的减肥手术。[1] 没什么新鲜的，我之前已经看过太多这样的观点。有一句话让我想一头撞向桌子，它说："好消息是，健康的生活方式改变了，在童年时期实施这些措施的话，就会相对有效地减少肥胖。"[2]

在这些完全荒谬的观点被我听到心里之前，我已经阅读过它们好多次了。这些医生倡导的所谓的"健康方式的改变"（这还没有定义，所以几乎可以意味着任何东西）仅仅是为了让孩子们减肥。但是所有这些重点（point）都真的是为了孩子的健康吗？我们好像已经变成了超级关注体重的健康代理人，体重已经被医生称为终点和代理，它成为对所有状况通用的一种标记。这对于儿童、青少年和成年人来说，能够对提升他们的健康产生实际的有用效果吗？为什么我们仍旧在谈论体重这件事，就好像它是唯一重要的事一样。（而且我们还要如何继续忽视大概只有5%的人保持住了体重减少这个事实呢，我们实际上并不清楚让人们如何长期保持减肥效果。）

如果我们不是继续让人们节食、做手术和吃药，而是关注到现实中，例如吃更多水果蔬菜、保证充足的睡眠、跳舞或体育活动或其他快乐的健身活动，可能会对我们自己和孩子们更好。另外，如果我们

1　已知做过减肥手术的最小的孩子是一个来自沙特阿拉伯的两岁男孩。

2　史蒂芬·R.丹尼尔斯，亚伦·S.凯利：《小儿严重肥胖：是时候为一种严重的疾病建立严肃的治疗方法了》，发表于《儿童期肥胖》，2014年第10期，第283—284页。

能将这些生活理念推广给每个人，而不是仅关注于他们体重几斤几两就好了。

但是这些理念与我们讨论体重和健康的核心是割裂的。举例来说，米歇尔·奥巴马的"Let's Move！"运动就包含了一些明智的建设性意见，比如开设学校和社区花园、呼吁为孩子们设置食物市场、让孩子们摆脱食物沙漠、下课后回家休息等。这些优秀的提议和急需的想法在长久来看或许可以使美国人更加健康。

但问题是，这项运动的框架仅仅局限于减重（weight loss）。米歇尔·奥巴马曾做出一个著名的承诺——"解决一代人的儿童期肥胖挑战"，这就是这项运动的基本目标。"让我们行动起来吧！"网站上遍布着关于儿童期肥胖的统计数据，其他的所有内容都是为了服务于让孩子变瘦这个理念。这样做的目的完全就是在暗示，如果孩子们变得更瘦，她们就会更健康，但我们知道这并不一定是真的。孩子们和许多家庭确实做出了改变，但是并没有减肥成功，这使得她们觉得自己是失败者，因为唯一的评价指标只是体重是否减轻。奥巴马的倡导活动使用体重作为健康的代名词，无论该活动多么善于伪装、无论该活动是否出于善意，它都落入了其他减肥项目所提出的"节食—锻炼"的思维窠臼之中。我们又错失了一次机会，不只是第一夫人，也是我们所有人。[1]

所以问题是，鉴于我们已经了解的一切，我们如何以及为什么挣扎、过度沉迷与绝望，我们该如何推进？我们该如何拓宽对话、引入

---

[1] 在遭到反对后，奥巴马改变了运动的论调，从"反对儿童期肥胖"转向"养育更健康的孩子"；白宫后来记录下与"让我们行动吧"运动相伴的儿童期肥胖症比率停滞的信息，实际上这些比率在几年前就已经停滞了。

其他类型的信息，激发社会围绕体重问题而发生变革，为了促进健康和福祉而不是破坏它？

好消息是在过去五十年左右的时间里，人们一直朝着这个方向推进，逐一的、在小团体间，发展到国内和海外。它需要一段时间，但是这已经形成一股势头，使我们不再过度关注于体重。

推动这项工作的早期先驱是前工程师比尔·法布尔（Bill Fabrey），他对自己胖胖的妻子每天都要面对的肥胖偏见而感到愤怒。1969年，法布里帮助创建了"援助肥胖美国人的全国协会"（National Association to Aid Fat Americans，简称NAAFA），现在这个组织被称为"接受肥胖全国促进会"（National Association to Advance Fat Acceptance），其工作重点是终止体形歧视。

另一位先驱是营养师和社会工作者埃琳·萨特（Ellyn Satter），多年来，她为患者提供一整套的营养标准建议：监控你所吃的食物，控制你的分量，计算卡路里。在某一个时刻，患者们明白了她的建议于自己是无效的，因为她所提供的意见和指导并没有让她们更瘦、更健康，或者更开心，相反，妖魔化整个类别的食物，吃得过少、持续地担心和内疚自己吃什么吃多少，这种情况会把人们推向"限制饮食／暴饮暴食"模式，并导致她们不相信自己的胃口。

萨特开始开发一种不同的方法。例如，她观察到婴儿本能地知道怎样吃东西。一个宝宝有足够的意志把头转过去、把嘴唇闭起来。他知道他什么时候吃饱了，他会停止进食，除非是父母或者看护者持续地否定他的本能，当他吃饱之后还让他继续吃更多的食物或者当他饥饿的时候扣除了他的食物。然后他学会了不相信自己对食物的感受，并开始向周围去学习什么时候吃，吃什么，吃多少。

萨特意识到，这正是她的许多患者在经历的事情。那些功能失调的模式早已建立并且仍旧在影响着她的患者们的原始的进食行为。她决定，帮助患者的最好方法是鼓励她们修复自身与食物、进食以及身体的关系。

她将这种新方法称之为"能力进食法"（competent eating），并概述了它的四个基本要素：对事物和进食抱有积极态度、倾听饥饿感和饱腹感发出的暗示、饮食多样化、相信自己可以很好地驾驭食物。以上这些因素，每一个都与她多年来提出的建议有着明显的不同。

萨特的能力进食法是让你提供不是剥夺自己所需的食物。这并不是将食物分为"好"或"坏"，而是聚焦于使你自己吃一些美味的食物上面——其中一些比其他食物更有营养——在一天中有结构、有组织地吃饭和吃零食。这就确认了让人们尊重自己的胃口，意识到自己什么时候饥饿，想吃什么，以及什么时候能让自己满足。

更重要的是，这种方法支持了"进食带来快乐"的观点。还记得那个带孩子来求助萨特的母亲吗，她因为女儿吃东西时发出了享受的呻吟而感到尴尬和担忧。虽然我们大多数人可能会避免在餐桌上发出别人能听见的享受美食的呻吟声（至少在我们和其他人吃饭的时候），萨特认为我们不仅可以许可自己享受食物，我们也应该这样做。这是你学会在饮食方面照顾好自己的必要部分。因为如果你不享受你所吃的食物，那你就是在履行某种义务或责任，或者是在剥夺自己的快乐。而这将是一个和"用饮食维持与滋养自己"截然不同的过程。

能力进食法在很多层面都很有意义。有研究表明，采用能力进食法的人比那些经常节食和发生体重循环的人的血压更低，血糖、甘油三酯和总胆固醇（是的，也就是 BMI）也更低，[1]同时在心理上也更加健康。采用能力进食法的人也可以放下很多和食物相关的焦虑。我是通过亲身经历知道的这一点，因为萨特就是多年前问了我那个致命问题的治疗师，她教会了我能力进食法的原则。

像许多多年以来一直节食的女性一样，我也很害怕停止计算慧俪轻体减肥中心的点数、卡路里数量、脂肪指数，又或者其他在特定时间里应该去计算的什么数值，生怕一旦我停止自我控制，我的饥饿感就会贪得无厌。我必须学会相信自己的胃口，而不是相信我的恐惧之心。我的意思是，如果没有规则，什么才能阻止我一直吃一直吃直到胖到 500 磅呢？如果没有人告诉我何时该停下来，我如何知道什么时候该停止吃东西呢？

我现在与那些陷入饮食失调的学生没有那么不同，我们不知道什么是"正常饮食"。我们许多人都不知道。这里是萨特对"正常饮食"的定义，我认为这些对人们非常有用：

所谓正常饮食就是饿了就坐到桌前吃饭，直到满足了就停下。在桌前吃饭的时候，选择你喜欢的食物吃，并且从中得到真正的满足，而不要由于你觉得应该停下就不吃了。正常饮食是要对你所选择的食物多加一分思考，这样你能吃得更有营养，不必因你选择令人过瘾的食物而太过谨慎和自我约束。正常饮食允许你在开心、悲伤、无聊或感觉好的时候进食。正常饮食一般是一日三

1　特里西娅·L.珀斯塔，芭芭拉·洛斯，希拉·G.韦斯特：《进食能力与心血管疾病生物标志物之间的关联分析》，发表于《营养教育行为》，2007 年第 39 期，S171-S178.芭芭拉·洛斯等：《西班牙老年人的进食能力与健康饮食和有利的心血管风险预测》，发表于《营养学》，2010 年第 140 期，第 1322—1327 页。

餐、四餐或者五餐，也可以边走边吃。可以在盘子里留下一些饼干，因为你知道明天还可以再吃一点，或者今天多吃一点，因为它们的味道实在太赞了。正常饮食可以偶尔饮食过量，会感到吃撑了并且不舒服。有时候可以吃得很少，就希望下一顿你多吃点。正常饮食是相信自己的身体能够弥补在进食过程中出现的错误。正常饮食是稍微花一点时间和精力，但会使之成为你人生中唯一重要的饮食方式。简而言之，正常饮食是灵活的，它根据你的饥饿、你的日程安排、你方便得到的食物以及你的感受而变化[1]。

　　　　　　　　　　　　　　　　　　　　埃琳·萨特，2014 年

我必须学会如何给自己安排良好的饮食。一方面，我必须得弄清楚我喜欢什么以及不喜欢什么，我以前一直自动回避或大吃特吃像奶酪、巧克力和意面等"坏"食物，我不知道自己是否真的想要吃这些东西；另一方面，我说不清楚饥饿和饱了的感觉，我知道这听上去非常荒谬，此前我会说我当然知道我喜欢吃什么，我什么时候吃饱了。但我没有。事实上我甚至比刚出生的婴孩还要无知。我不得不重新梳理我与食物的关系，并弄清楚该如何去吃。

凭直觉饮食

斯泰西（Stacey），53 岁，威斯康星州一位专门治疗饮食失调和
身体形象问题的治疗师

我的妈妈一直都在节食，我的外婆也是一个顽固的节食者。

1　获取更多信息请参见 ellynsatterinstitute.org/hte/whatisnormaleating.php.

事实上我外婆家的所有女性都节食。姐姐和我照顾我的妈妈，她个子矮，梨形身材。我从来没有严重肥胖，但我小时候肚子比较大，腿和臀部也有点胖。

我从青春期的早期开始节食，由于长期节食，我也与暴饮暴食做斗争。即便我减了肥，我仍然会对我的大腿斤斤计较。我确信我的粗腿是造成每件坏事发生在我身上的原因。

大学毕业后，我为一位治疗饮食失调的治疗师做研究，并且和一个团队在医院工作。所有为他工作过的人都曾去吃过早餐，有一天我的同事们看着我说："你用人造黄油来做什么呢？"他们向我介绍了杰宁·罗斯（Geneen Roth）的著作《摆脱情绪化进食》（*Breaking Free from Emotional Eating*）。我开始研究凭直觉饮食法，正如她书中所写的内容，我常常吃得过量正是由于不允许在房间内吃东西，或者不允许吃这些东西。有一次我多吃了饼干，有一次我多吃了花生酱。没过多久，大概一周的时间，就像我之前一样，哦，好的，我现在明白了。

若你真正倾听，你的身体会告诉你它需要什么。所以这一切都是关注点的问题，这太棒了。例如，我昨天吃了一些薯片，突然我就觉得吃得足够了。能够即刻停止吃薯片对我来说简直是个奇迹。这实在是一件最令人兴奋的事！但我的直觉饮食还并不算完美。因为旧习难改。

当你是一个节食减肥者并减掉一些体重时，你会感到自信和脆弱。在任何时候你都可能反弹。多年来，我的衣柜里有四五种不同尺码的衣服。如今，在过去的十年里，我一直穿的是16码的衣服。一季又一季都穿同样尺码的衣服，这感觉棒极了。在我的人生中我从来没想过我会对这个尺码感到满意,但我觉得特别自由和自信。

　　我妈妈最后一次评论我的体重大约是在七年前。她说:"你知道的亲爱的,减重几磅不会有伤害的。"我气愤地用一种新的方式来回答她。比如我会说"我不能再那样做了,我甚至不知道该如何再去那样做"。没有人听了这样的对话后能心情好,即使是那些获得"良好"结果的女性,那些在节食和减肥的人。她们仍然感觉自己脆弱。这是女性间彼此相处的多么消极的方式啊。在这个程度上努力去适应这种节食文化实在是非常痛苦的。

与内心的食欲重新建立关联的过程会给体重和健康带来巨大的变化。加利福尼亚阿尔托斯的一位心理学家德布伯·加尔德(Deb Burgard)研究体重及饮食谱系问题,[1] 他表示:"许多人都被教导过节食行为和思想扭曲,并且没有意识到他们与生俱来的大胃口和饱腹感。他们天真又绝望地试图用认知手段(cognitive means)来控制自己一周七天、每天 24 小时的饮食,并且这些认知手段是最糟糕的饮食控制的工具。"换句话说,我们转向了饮食书籍和节目手册,寻找指导和饮食计划来判断我们吃什么、吃多少以及什么时候吃。但就像在奥兹国里奇幻历险的多萝茜,[2] 我们渴望的答案并不在外界而已经存在于我们的身体之内,只不过我们对此还不了解。

1　加尔德维护了一个叫作"身体自信"的网站, www.bodypositive.com.

2　《绿仙踪》是美国作家弗兰克·鲍姆的代表作,同名系列童话故事的第一部,按照原名直译为《奥兹国的魔术师》,中国国内一般翻译为《绿野仙踪》。它讲述了一个叫多萝茜的小女孩如何去认识世界和与人相处,教会个体如何在群体社会中认识自己,获得"身份感"的故事。——译者注

　　无论是通过什么方式，比如博客、写作、演讲、肚皮舞（没错，是肚皮舞）以及"时尚"，加尔德是逐渐壮大的挑战减肥范式的活动家和倡导者之一。玛丽莲·瓦恩（Marilyn Wann）是另一位积极分子，她在 1998 年出版的《肥胖！那又怎样？》(Fat! So?) 被称为"肥胖接受运动"的真实宣言。其他活动家还包括瑞根·柴斯坦（Ragen Chastain）、凯特·哈丁（Kate Harding）、玛丽安·科比（Marianne Kirby）、琳达·培根（Linda Bacon）等。社交媒体就像一个盛满有毒细菌的培养皿，能将其毒素向四面八方传播。但在这次的活动中，社交媒体成为了一股正能量。像微博"汤博乐"（Tumblr）这类社交平台成为了支持"肥胖积极"观念并给人们互相联结、互相鼓励提供了空间。

　　萨特的能力饮食法概念和直觉饮食法类似，"直觉饮食法"（intuitive eating）一词是 20 世纪 90 年代由加利福尼亚州纽波特海滩的营养师伊芙琳·特博尔（Evelyn Tribole）和比弗利山庄的治疗师艾莉丝·雷施（Elyse Resch）创造出来的。[1] 顾名思义，"直觉饮食"鼓励人们遵从自己的胃口、拒绝节食、尊重自己的身体、追求健康的行为而不要顾虑体重。直觉饮食是要人们保持和他们的感官感受一致，而非遵从某项外来的饮食计划。

　　反过来讲，直觉饮食引发了更大规模的社会运动，例如"任何尺码都健康"（Health at Every Size）运动，或称为 HAES（发音为 hays）运动。这场运动是从 20 世纪八九十年代的很多想法中有组织地发展起来的。营养学教授、研究员琳达·培根（Linda Bacon）确实写了一

1　伊芙琳·特博尔，艾莉丝·雷施：《直觉饮食法：一个有效的革命性项目》（第 3 版），纽约：圣马丁出版社 2012 年版。

本关于 HAES 运动的书,2008 年出版的《各个尺码都健康:关于你体重的惊人真相》(*Health at Every Size: The Surprising Truth About Your Weight*)。

在许多方面,HAES 都是一场社会正义运动,正如费城的心脏病专家约瑟夫·马吉丹(Joseph Majdan)所期待的。这场运动强调过程,即任何尺码的人都可以享受健康愉悦生活的体验,而不强调结果,即达到某个体重数值。它的其中一个原则是,人们生来有着不同的体形和身材,这不能进行狭隘定义也不能设定唯一的文化标准。另一个原则是,无论何种身材的人都可以将健康、合理饮食以及愉快锻炼融入他们日常生活中去,而不是只关注体重和减肥。

谭·弗莱(Tam Fry)曾为破解凯瑟琳·弗莱加尔(Katherine Flegal)2013 年的研究而制作了著名的"黑森林奶油蛋糕",像他这样的批评家,嘲讽 HAES 就是给"整天坐在沙发上吃美味食物"赋予合法性。评论家们称这会加重肥胖和不健康的"生活方式"。倡导者表示真相才是硬道理。对于 HAES,他们解释说,它实际上更关注健康,而不是只对减肥趋之若鹜。培根解释说:"传统的节食减肥范式使我们无法直接地看待健康,因为我们过于强调通过体重来衡量健康这回事了。"而事实上,目前最保守的政府机构之一——美国农业部批准了 HAES,因为通过两年的研究已经证明 HAES 几乎在各个方面都比传统的减肥方法更优越。[1]

培根和其他一些人将 HAES 描述为"体重中立"(weight-neutral)。如果人们在不注重体重的情况下追求健康,他们可能(a)体重增加,

---

1 玛西亚·伍德:《各个尺码都健康:肥胖美国人的新希望?》,美国农业部网站,2006 年 3 月。作者于 2014 年 10 月 24 日访问 www.ars.usda.gov/is/ar/archive/mar06/health0306.htm.

(b) 体重减少，(c) 保持一个舒服且可持续的体重值。培根解释说："对于有些人来说，体重是身体出现问题的表征，但对于有些人来说，这只是自然的多样性。所以我们将体重与行为分开理解是很重要的，因为肥胖也不一定总是疾病或不良行为的标志。有研究表明，许多代谢健康的胖人活得更久、更健康。与体重正常的长寿人数相比，他们可能是少数，但这表明你确实可以又胖又健康又修身（fat and healthy and fit）。"

来自俄勒冈州波特兰的 49 岁的罗宾·弗兰姆（Robin Flamm）在经历了漫长的节食后，于两年前在 HAES 中找到了她的减肥之道。她说："如果有人问我'你生命中最渴望什么'？除了有一个家庭之外，我会说'瘦身'。"她几乎实践了每一项节食减肥方案——一次次地加入慧俪轻体减肥中心、"原始饮食法"（Paleo Diet）、"戒食会"（Overeaters Anonymous），甚至是快验保（Medifast）。每一种瘦身计划她都尝试了一段时间，她会减掉 30 磅然后反弹 35 磅，减掉 35 磅然后反弹 40 磅。她专心致志地节食减肥，减肥十次又回到了原点。而且每次体重都是慢慢地反弹了回来，就好像她的身体在努力捍卫每盎司属于它的重量似的。

弗兰姆不服气地认为自己是懒惰的，她只需更努力地工作、走得更快、吃得更少、持之以恒就能减肥。她尝试过了，她真的在全职育儿之余还为一家国内非营利组织开展宣传工作。她胃痛和肝酶升高以后去看了一个胃肠医生，医生要求她减掉 20 磅然后在一个月后回来复诊。从医生办公室出来以后她屈尊俯就地喊："你还是闭嘴吧！"

最初，她把医生的话作为一个警钟、一个让她更努力的激励，让她去找到新的减肥计划或减肥方法。但是她越琢磨，越意识到她不需要警钟，她从中学开始就一直警醒，结果她得到了什么呢？很多医生将她的健康问题归结为体重，他们不相信她对自己饮食和锻炼的描述。她吃得越来越少、锻炼得越来越辛苦的压力也与日俱增。她现在说："我想，等等，我想了多少次减肥这件事情了？我一直在想着变瘦，我一生都沉迷其中。"

她没有去复诊，而是给医生写了一封信，阐释了他在跟她说话时她心里的感受。谈话虽然是令人满意的，但却让她陷入了一个熟悉的困境之中。她仍然会责怪自己，事实上在所有的期待、努力和苦痛折磨之后她还是瘦不下去。她明白自己已经将来自医生、护士、杂志、电影和朋友那儿的"肥胖就是个人责任问题"的理念内化了，但她似乎无法摆脱它。

当她鼓起勇气去波特兰的一个由两位实践 HAES 疗法的治疗师运营的中心进行咨询的时候，她满心期待得到改变。即便如此，丢掉她各种卡路里计数应用程序或计量秤的做法还是吓坏了她。不过，她被迫接受了这样做。她就像从前实施各种节食计划一样以决心和毅力来拥抱了新方案。慢慢地，她开始放松。她每周来见治疗师并开始上瑜伽课，因为她喜欢这种让她感到很愉快的方式。

但是当她的衣服开始变得有点紧时，她惊慌失措。她首先有了要回到慧俪轻体减肥中心的冲动。不过，她反问自己她在谨慎地饮食，她在以快乐的方式进行锻炼，所以或许她需要去买新衣服。她说："这就像自由落体一般。即便这里没有安全网，真的，这次我清楚地知道没有安全网。"

当罗宾·弗兰姆（Robin Flamm）谈到放弃安全网时，她真正的意思是放弃变瘦的幻想。当放下了某天可能会发生某些事的负担之后，她就能一直瘦下去了，她突然间变成了 5% 的幸运儿，那少数的能减肥成功还能保持下去的人。但是要击败一个在我们生活中如此强大的主流观念是非常困难的。总有一天我们每个人都必须用我们自己的方式来度过我们的人生。

我是如何开始学习爱上自己的身体的
道恩（Dawn），45 岁，俄亥俄州哥伦布市的一名治疗师

我 58 岁的妈妈，生下我弟弟的那天体重是 148 磅。而我的爸爸却像娄·格兰特（Lou Grant）那么壮。猜猜我像他们谁？我很快明白了我的身体可能有一些问题，虽然我在少年时代以为自己会像我妈妈那样有个又长又细的大腿。

我妈妈对我们可以吃什么、不能吃什么要求严格。这么做的部分原因是金钱方面的，部分原因是要保持苗条。当我的妹妹伸出手要东西的时候，我的妈妈就会说："你为什么不直接拍你的屁股呢？"这是我经常节食的爸爸常说的。（梅奥诊所节食计划被复制并粘贴在我们的冰箱上。）

作为一个年轻的成年人，我记得有次我在一次会议上坐在一位女士身后。我喜欢她的风格——蛮特别的，有点凌乱，短发并且没有化妆——我喜欢她在演讲过程中提出的聪明问题。我们开始交谈，她对我很有吸引力，非常有魅力。之后我们成了朋友，我发现她认为自己很胖。但我们最初相见时我唯一注意到的就是她的魅力，而不是留意她并不符合所谓的"魅力标准"。

那个时候我意识到，人们在看到我的时候并不像我预想的那样首先看到我外表的缺陷。如果人们注意到了我是多么肥胖和健

壮，而且还像个后卫（我高中时候的一个男朋友就这么说我），也许也没什么大不了，因为他们看到了我，我觉得自己很可爱或者至少很有趣。我想："如果这是真的的话，我就这样生活又如何呢？"之后我开始向这个方向去努力。这件事发生在十九年前，我还没有完全搞定这个方法。比起当时我见到她时紧绷的神经，今天我更喜欢我那位吸引人的、有魅力的朋友了（我们更少进行关于身体的负面谈话）。

这种成长、爱、接受——是一个持久的思想斗争过程，我想这对我们所有人来说都是如此。

弗兰姆在和我的最后一次谈话中描述了她在接受自己的过程中经历了什么：有一天她想吃汉堡，她通常是不能吃这个发胖食品的。但那天午饭她买了汉堡和薯条，然后吃了。她希望放出自己内心的批评之声、让她被自我罪恶感和内疚折磨、把她送入焦虑和自我厌恶的旋涡。然而，什么都没有发生。没有未吃过瘾的感觉，没有对卡路里是否过量的烦扰，没有罪恶感或者焦虑，没有限制食欲与暴饮暴食，没有剥夺自己和对这种剥夺感的矫枉过正，没有"感觉肥胖"和远离运动。她只是吃了一个汉堡和薯条，就这么简单。她说，这真是一个令人难以置信的礼物，她希望更多人花时间去了解 HAES 到底是什么，什么不是 HAES。

阿曼达·塞恩斯伯里-萨利斯（Amanda Sainsbury-Salis）显然不理解这场运动，她是澳大利亚悉尼博登肥胖、营养、运动与饮食失调研究中心的研究员。去年，塞恩斯伯里-萨利斯发表了一篇呼吁"紧急反思"HAES 运动的评论，文章指出对于超重或肥胖的人来说脂肪和健康不可能兼而有之，从健康的观点出发，胖人总会不可避免地出现糟糕的问题。HAES 追求的是健康，相信无论多重的人都能将健康的行为方式融入生活，所以塞恩斯伯里 - 萨利斯认为 HAES 提出"各种尺码的人都能拥有健康"观念是不准确的。

　　塞恩斯伯里 - 萨利斯的文章是从她祖母的故事展开的，她的祖母过去常常警告她不要扮丑脸，因为脸可能会因此而变形，并告诉她说："我说了不要去吃丑陋的食物，也不要让自己发胖，如果风向变了你可能会被永远的肥胖所困。"这种可疑的文学类比（什么叫"如果风向变了"）使得这个观点很难被严肃以对，它的基本假设也是如此。她混淆了吃"丑陋的食物"[也许是奇多膨化食品（Cheetos）、麦当劳，或者每顿都吃冰激凌] 与"永久肥胖"这两个概念。然而瘦人也会像胖人一样去吃垃圾食品和腌制食品。她还认为"保持肥胖"（staying fat）是错误的，并且暗示 HAES 在鼓励这种冒险行为。而塞恩斯伯里 - 萨利斯是怎样建议人们避免"保持肥胖"的呢？节食、运动以及药物对于大部分人来说都是不奏效；手术是危险、昂贵且不可逆转的，并且至少一半的手术者并没有见效。正如我们已经看到的，顽固地坚持追求减肥的人通常会以反弹结束，其健康状况可能比"保持肥胖"的人更糟糕。哦，而且这些人最终可能比减肥前更胖。

　　阅读这样的评论让我仿佛我回到了 M. C. 埃舍尔（M. C. Escher）的绘画里。塞恩斯伯里 - 萨利斯说自己是一位研究节食、食欲和体重的神经系统学家，她当然看过了所有的研究成果。然而她和其他科学家讨论这些问题时，好像她们生活在另一个适用着不同规则的星球上。例如，她承认大量研究已经证实了超重和肥胖的人可以在不改变体重的情况下达到"实质性的健康受益"，这也是 HAES 运动的基础之一。

但是在文章的下一段，她就又会坚称超出特定 BMI 指数就不可能健康，她总结到"即使肥胖的人代谢健康，她们迟早都会出现各种各样的问题，这只不过是时间早晚罢了"。举个例子，她提出 BMI 指数较高与膝关节炎之间存在相关性，她将其归因为"超重的机械效应导致了步态异常，并出现全身性的炎症"。[1]

我在读这篇文章时大笑失声，主要是因为塞恩斯伯里 - 萨利斯的"紧急反思"和过去五十年来相同的论证如出一辙。这些观点并不比之前的论证更准确或更具相关性。她没有提供任何新的证据或提出一种使人们在现实中长期保持苗条的新策略。正如心理学家德布伯·加尔德（Deb Burgard）所说："那些能够保持瘦身、灵活饮食，并和食物真正和平相处的人，就如独角兽一样罕见。"

这就是琳达·培根（Linda Bacon）和其他人认为 HAES 不仅仅是一个健康运动而是一个社会正义运动的原因。它倡导人们认识到精神福祉与身体健康同样重要。培根说："我们不能告诉别人你错了、你不好，我们想让你与众不同。而这些却恰恰是所有肥胖症治疗模式的基础——你总是被归咎于做错了什么事情。"

培根告诉我一个十六岁的小女孩接受学校项目的采访时在电话里哭了出来。学校当时正在举行反肥胖运动，她吃午餐时因为选食物的问题而受到霸凌，即使她吃的食物就是那些瘦孩子们也正在吃的东西。培根表示，那种看待食物与体重的狭隘视野不仅让瘦小的孩子有权去认为胖孩子有问题，甚至可能会去欺凌胖孩子，也会让瘦孩子丝毫不担心自己的健康。只要他们很瘦，他们就认为自己很健康。现在我们

1　阿曼达·塞恩斯伯里，菲莉帕·海：《呼吁对"每个尺码都健康"进行紧急反思》，发表于《饮食失调》，2014 年第 2 卷，第 8 期。

知道事实并非如此。

距离我在治疗师办公室的那天几年之后，我仍然认为我的体重应该更低，尽管我已经不再纠结必须要瘦到一个更适当的 BMI 范围里（特别是在过去几年我变矮了，这就意味着我必须更瘦才能达到正常的 BMI 值）。我曾做到但我发现那不是让我持续快乐的状态。我仍然认为如果我的体重比我现在瘦个 50 磅的话，我看起来会更迷人。尽管我已不再认为瘦是通向漂亮的唯一路径，但让我说自己的肥躯是有吸引力的也是很难的。我正在克服这一点。我选择专注于我做了什么而不是我体重几磅。

我很少像我十几岁、二十几岁、三十几岁时那样浪费时间、精力和创造力，对我的身体加以钳制并充满焦虑。我不再饱尝羞愧和绝望。我不再对食物或者我的身体执迷不悟。我不想将我的生命沉沦于自我厌恶的旋涡里，我不要、我不能再那样生活了。多少个早上我上班迟到，就因为我怎么也找不到能神奇改变我身体姿态的衣服？多少个夜晚，我站在杂货店的过道中间，恐惧麻木又优柔寡断？这不仅是后悔，如果没有那么消耗自己我可能会成为怎样的人，我失去了体验别样人生的机会。那样的人生是我所爱的，是我所经历的，是我本可以实现的，是我有力量去应对自如的。相反，我花了太多时间在卧室地板上哭泣，被皱巴巴的衬衫和裤子包围。

那时候，照顾自己意味着"做出努力"（making an effort），就像我的祖母说的那样，饿着自己，即使膝盖坏了还在慢跑，尽全力去保持体形。不管怎样理解，要与"假定"（supposed）的形象保持一致。现在，照顾自己意味着我在做什么而不是我看起来怎么样。随着时间的推移，我已经想明白了我需要做些什么才能感到健康和富有创造性，

并且得到生理和情感上的愉悦。毫无疑问,我需要做的和你需要做的会有所不同,但无论如何我会告诉你,这样做将会有所助益:

- ✓ 每天进行某项体育锻炼;在离家近的地方轻快地散步,但我也喜欢骑自行车和徒步远足
- ✓ 烹饪并且吃自己喜欢的食物,让自己享受其中
- ✓ 吃饱时能够停止进食
- ✓ 睡眠充足
- ✓ 花时间与朋友和家人相聚
- ✓ 服用抗抑郁症和焦虑症的药物;我多年来一直抵制这一点,部分原因是这些药物会让我体重增加,但我最终决定要过身体机能正常的生活,只有服药才能保证我们身体各项机能正常

最后一点(也是最困难的一点)
- ✓ 抛下自我厌恶

请注意我不是说"爱自己"(love myself)。虽然这个概念可能对有些人适用,但对我而言这一点似乎总是无关紧要的。我发现想着"栖居于自身"(inhabit myself)会更有用,就是说要待在自己身体里,知道这就是我的身体,并且欣赏自己身体。而且,当然了,一旦产生自我厌恶的想法就要积极排除它。

对每一个人来说要花较长的时间并从特定的视角来建构自身的身份是一个艰难的过程,即使这种视角可能是负面的。或者也许正是因

为这个视角太消极了，建构身份才会那么难。我想起灵魂作家玛丽安·威廉姆森（Marianne Williamson）所说的："我们最深的恐惧并不是我们不足，我们最深的恐惧是我们无法衡量的强大。这是我们的光芒，而不是我们的黑暗，最让我们感到害怕。"鉴于我们生活于其中的文化，压力从多方面来到我们身边，让我们感到焦虑、不安、不足，尤其是涉及我们的身体时，难怪我们有时候会依附于我们的不足感。

但这变得更容易了。确实如此。在此问题上我发现最有效的教学工具是哈佛的一个对体重偏见的测量项目（Harvard's Project Implicit），它能测量一个人对体重的潜在感受是如何贴近文化规范的。我敢肯定，如果我十五年前参加测试，我会和我的学生们得到一样的结果：对苗条的强烈偏好。（他们总是对测试结果感到烦闷，这引发了好几次热烈的课堂讨论。）当我现在参加测试时，结果显示出我对肥胖有适度的偏好。鉴于我们的文化压倒性地更偏好苗条，我认为我的结果显示出一个重大进步。

我对我这么多年来对待自己的方式感到后悔。虽然用后悔这个词来形容可能并不是非常准确。后悔意味着悲伤，当然，我对此感到抱歉。但我更多的还是感到气愤——对我成长于其中的文化感到气愤，对自己如此轻易接受这种文化的影响而感到气愤，对生活在 2014 年的我们仍旧在如此处理这个问题，而且处理的方式比我小时候还要严重得多的这种情况感到气愤。我为那么多儿童、女性和男性无缘无故而遭受其苦而感到愤怒。

学会相信自己、相信自己身体、胃口，以及感受，我的感觉一直是我生命中最有力的经验之一。即使在我写这句话时，就能想象到像沃尔特·威利特（Walter Willett）、丹尼尔·卡拉汉（Daniel Callahan）和谭·弗莱 (Tam Fry) 这样的人们就会说一些类似于"大部分美国人感觉已经对食物/胃口/身体形象赋权过度了"这种话。就像一个作家在费城 (Philadelphia) 杂志的在线评论中提出的,"曾经与肥胖相关的耻辱感正在消失,其消失的速度和肥胖增加的速度一样快。如果我们在肥胖问题上触底了该怎么办?必须从羞耻开始。因为无论提出什么其他的观点,羞耻都是解决问题的基石,否则情况永远不会得到改善"。[1] 任何觉得我们对胖人羞辱得还不够的人都会觉得这个评论正中他们心中块垒。

这种态度来自并传承于一些我们已确认是错误的假设。而正是这种修辞,使我们首先陷入了与食物的失调关系中,它使我们饮食混乱、饮食不适。这种文章及态度会使得我们更加肥胖,而且在各方面更不健康。

所以在我看来,我们正处于十字路口。正如人们所说的,这是一个让人们停下来盘点过往并有机会做出选择的关键时刻。这些对话正在主流观念之内、边缘及之外开展着——关于"能力进食法"、"直觉饮食法"、HAES,关注健康而非体重——这些都在缓慢地、暂时地变得更可见了,这大部分要归功于社交媒体。我在书中写的大部分内容仍被许多人认为是不切实际的、自私自利的和完全错误的——让肥胖者将其整天坐在沙发上吃美味食物的做法合理化。我们从社会主流 (美容行业、医学专家、广告以及各类媒体) 得到的信息是如此占据话语优势、如此响亮,以至于哪怕是提出质疑都会变得非常可怕。显然,无论是个体上还是全社会,仍然受制于此。我们喝了太久的酷爱牌饮料 (Kool-Aid),[2] 放下玻璃杯给我们造成的紧张不安是可以理解的。

1　克里斯多夫·弗兰德:《用耻辱来解决美国的肥胖问题》,参见 PhillyMag.com2012 年 10 月 12 日。
2　黑人贫民区居民常见的廉价饮料。——译者注

为了健康吃好一点

玛莎（Marsha），65岁，在佛蒙特州运营一家"不节食"中心并担任治疗师

　　我很年轻时就出现了身体形象问题。我很高，5英尺8英寸[1]，而我家里其他人都很瘦，我总是由于我的体重而变得很显眼。在我十几岁的时候，我开始节食并患上了饮食失调。我花了大约十年才克服了这个问题。

　　在我五十多岁的时候，我开始变得爱生病，从容易疲劳到关节和肌肉出现问题。后来我被诊断出患有纤维肌痛症。我发现自己对谷蛋白敏感而且有很多慢性炎症。我非常饿，非常想吃东西，这影响了我的体重。我比我的正常体重增加了大概25磅。

　　当我真正专注于处理慢性炎症和谷蛋白敏感问题以后，我的体重趋于标准化，从那之后没有发生过忽胖忽瘦的反弹情况。重点是我感觉很好，摆脱了周身疼痛。这不是故意减重。

　　当我现在面对我的女患者时，我们会从温和的指导方针开始。很多人当她们感受到自己的身体是如何以不同的方式处理不同的食物之时而感到迷失。我让她们摆脱"因为你吃了一块蛋糕所以你要燃烧脂肪"这种心态和身体活动。另一个重点是压力管理，要帮助男女两性都认识到，对身体的不满是我们生活中巨大的压力来源。我们帮助他们找到做什么事情能够使他们常态化地感到愉快和保持愉快。

　　减肥很少会让人们得偿所愿。但如果他们注重健康和自身的感受，他们就会发现自己最终比以往有一个更佳的状态。

1　相当于173厘米。——译者注

也没有人会关注我们。我们可以继续从同一个玻璃杯里喝酒，继续在一种旧有的观念中循环往复。我们自我厌恶，并告诉我们的孩子她们永远不够好、不够瘦、不够紧实、不够健康、不够漂亮，她们有道德责任去持续追寻无法企及的理想。我们可以继续教给她们我们曾经所学到的、所内化的东西，我们可以期望她们对自己的身体、胃口和生活产生和我们曾有过的相同的感受。

但我们需要意识到保持现状不再仅仅是默认我们的位置，而是意味着选择，我们并非别无选择。例如，我们也可以突破渗透在我们生活中的关于体重和健康的非此即彼的信念体系。打破我们从小所遵从的非黑即白的视角，进行心理范式的转变，选择一种更广阔的视野、更多元的角度去看待问题。

如果我们每个人都愿意去考虑一下这种可能性，即我们对体重和健康的了解并不像我们所相信的那么过于简单和轮廓分明，我们就能开启一个真正有建设性的对话。如果我们能够意识到关于体重和肥胖的修辞影响了我们的思考方式，让我们无法去想象其他的真理与视角，我们就有可能为自己及我们的孩子去创造一个真正和持久的改变。

所以这究竟意味着什么呢？在理想的世界里（你知道，就是我们并不生活在其中的世界），我们不会饿死自己、每天花四小时健身或蹲在厕所，或者由于不想穿泳衣而拒绝游泳。我们不会避免照镜子，不会折磨自己。相反，我们愿意根据每个人的生理心理状况及情感需求去定义属于我们自己的"健康"。我们承认健康和体重是复杂的问题，对于不同的人来说情况也是不一样的，我们可以自由地做出选择，决定要过何种生活和如何照顾好自己。我们会对自己及他人都很友好。

在更实际的层面上，我们至少可以听取那些超越主流的意见。我们愿意批判地思考体重和健康；而现在，我们的文化几乎不可能做到这一点。我们必须付出努力。它可能不会改变我们的所作所为及行为方式，但我认为无论结果如何，这都是重要的关键一步。

还有一些特定的策略可以帮助我们努力克服每天面对的问题。正如这本书我所研究的关于美丽标准的部分，我一直在思考"社会性比较现象"（the phenomenon of social comparison），即我们与生俱来地倾向于将自己与他人做比较，这个概念是由社会心理学家利昂·费斯汀格（Leon Festinger）在 20 世纪 50 年代首先提出的。根据费斯汀格的说法，我们和其他人越相似（或者我们认为我们更相似，其实可能并不一回事），我们越有可能去反对他们。[1]

我们可以通过两种基本方式将自己与他们做比较。"比上不足"（Upward comparison），即当我们觉得自己不如他人好时，我们会感觉自己更沮丧、更愤怒，更一文不值；"比下有余"（Downward comparison），即当我们觉得自己比他人好时，我们就具有了心理上的优势。[2]（这个概念与"幸灾乐祸""将自己的快乐建立在别人的痛苦之上"相接近，但不完全一样。）

当我们在杂志、网络或广告上看到瘦得不可思议的模特照片时，我们基本上采用的是"比上不足"型的比较方式，看到的全是自己的劣势。南佛罗里达 - 坦帕大学的研究人员公开发表了她们对 2000 年的身体形象与社会比较研究，认为拓宽视野很重要。[3] 打个譬喻，她们建

1　利昂·费斯汀格：《社会比较进程理论》，发表于《人际关系》，1954 年第 7 期，第 117—140 页。

2　萨拉·B.科恩：《媒体曝光以及随之而来的对身体不满、饮食紊乱和消瘦的影响：对当前研究的回顾》，发表于《心理问题：卫斯理大学心理学》，2006 年第 1 期，第 57—71 页。

3　吉尔·A.柯德莉等：《身体形象，情绪，和电视上形象的吸引力：社会比较的作用》，发表于《社会与临床心理学》，2000 年第 19 期，第 220—239 页。

议人们花时间在公共场所观看人群。除非你站在好莱坞的电影里,否则你必然会看到各种身材的人。看看人们形形色色的身材,不只是我们以往在媒体和营销中常看到的那种,想想它们然后重置一下你的内心美丽检测器。

有趣的是,运动也可以提供帮助,但不是你想象的那种方式。在2012年的一项研究中,女性和男性随机分组,在两周内锻炼六次后,他们的身体变得更好,即使他们的体重和紧实水平保持不变。(一个与此做对比的控制组是要求组员用阅读代替运动,在两周结束实验时该组人的身体感觉更糟糕了,他们是在健身房读书,但看到别人在做运动而自己没有运动会让他们感觉更糟糕。)[1]

一项针对大学一年级女生的调查发现,有一系列被研究人员称为"糟糕的身体形象日"(bad body image days)的应对机制。这些机制包括锻炼、与朋友和家人交谈、独处、出门做点什么事情、自我接受。[2]不同的策略似乎对不同的人有所帮助,所以还需要进行后续的实验。

我最想让你挑战的是:在我们每天都接受一千遍的信息之外思考问题;质疑传统观念。也许你这样做了之后仍会做出同样的选择,但至少你会是更有意识地做出了这个选择,或者你可以得到完全不同的观点,它也许能够帮助你摆脱长久以来给你带来痛苦与压抑的规则。

---

1 安娜·坎贝尔,希瑟·A.豪森布拉斯:《运动干预对身体形象的影响:元分析》,发表于《健康心理学》,2009年第14期,第780—793页。凯瑟琳·M.阿普尔顿:《6×40分钟的锻炼可以改善身体形象,即使体重和体型不变》,发表于《健康心理学》,2012年第18卷,第1期,第110—120页。

2 T.史密斯·杰克逊,J.J.雷艾尔,R.萨克莱:《应对"糟糕的身体形象日":一年级年轻的成年女大学生的策略》,发表于《身体形象》,2011年第8期,第335—342页。清单上的最后一项是最不常用的策略,可能是因为身体接受是一个过程,而不是一个决定。

参考文献

以下精选的是对本书的研究非常有用的图书和期刊。

图　书

[1] 培根，琳达.每个尺码都健康：关于你体重的惊人真相.达拉斯，TX：调查报告书籍，2008.

[2] 坎波斯，保罗.肥胖迷思：为什么美国人执迷于体重对你的健康有害.纽约：哥谭出版社，2004.

[3] 恩斯勒，伊芙.好身体.纽约：维拉尔出版社，2005.

[4] 埃特科夫·南希.丽者生存：美的科学.纽约：安克尔出版社，1999.

[5] 弗雷泽·劳拉.减掉体重：美国对体重的痴迷和以它为食的产业.纽约：达顿出版社，1997.

[6] 凯瑟，格伦·A..肥胖大谎言：关于你体重和健康的真相.纽约：福西特刻镂拜出版社，1996.

[7] 加尔，迈克尔，简·怀特.肥胖流行病：科学、道德与意识形态.牛津：劳特利奇出版社，2005.

[8] 古斯曼·朱莉.体重：肥胖，食物公正，以及资本主义的局限性.伯克利，加利福尼亚大学出版社，2011.

[9] 哈丁，凯特，玛丽安·卡比．来自肥胖领域的教训：停止节食，与你的身体宣布休战．纽约：近地点出版社，2009．

[10] 凯特尔，凯西·J..健康的身体：教孩子他们需要知道的东西．圣保罗，MN：身体形象健康，2012．

[11] 科拉塔，吉娜．重新思考瘦：减肥的新科学：以及节食的神话和现实．纽约：法拉，吉特劳斯 & 吉鲁出版社，2007．

[12] 库利克，唐，安妮·梅内利．肥胖：一种痴迷的人类学．纽约：企鹅出版社，2005．

[13] 奥巴赫，苏西．肥胖是女权主义议题．纽约：BBS 出版，1997．

[14] 罗德，黛博拉·L..美丽的偏见：生活和法律中对外貌的不公正．牛津：牛津大学出版社，2010．

[15] 罗斯布鲁姆，以瑟，桑德拉·索罗威等．肥胖研究读本．纽约：纽约大学出版社，2009．

[16] 拉塞尔，沙曼·阿普特．饥饿：一个非自然的历史．纽约：基本图书公司，2005．

[17] 萨吉，阿比盖尔．胖有何错？．牛津：牛津大学出版社，2013．

[18] 萨特，埃琳．喂养一个健康家庭的秘密：如何吃，如何养育好的食客，如何烹饪．麦迪逊，WI：凯西出版社，2008．

[19] 索博·杰弗里，唐娜·莫勒等．在饮食计划中：食物和营养作为一个社会问题．纽约：Aldine de Gruyter 出版社，1995．

[20] 索博·杰弗里，唐娜·莫勒等．重大问题：肥胖和消瘦是社会问题．纽约：Aldine de Gruyter 出版社，1999．

[21] 塔克，托德．伟大的饥饿实验：那些挨饿的英雄们让数百万人可以活下去．纽约：自由出版社，2006．

[22] 瓦恩，玛丽莲.肥胖？那又如何！因为你不需要为你的尺码而道歉！.伯克利：十速出版社，1998.

[23] 惠兰，查尔斯.赤裸裸的统计数据：从数据中剥离恐惧.纽约：W.W.诺顿出版公司，2013.

[24] 伍尔夫，纳奥米.美丽迷思：美丽的形象是如何被用来反对女性的.纽约：哈珀永久出版社，1991.

[25] 希尔伯贝格，埃维.字里行间：在医学文献中寻找真理.戈申，MA：EviMed 研究出版社，2012.

期　刊

[1] 艾伯特，M.，D.R.威廉姆斯.受邀评论：歧视——一个降低心血管疾病风险的新目标？.美国流行病学，2011，173(11)：1240-1243.

[2] 安利森，戴维·B.等.美国每年因肥胖而死亡的人数.美国医学会，1999，(282)：1530-1538.

[3] 安德森，艾米丽·K.等.体重循环增加了脂肪组织中的 t 细胞积累，损害了系统的葡萄糖耐受力.糖尿病，2013，62（9）：3180-3188.

[4] 按格拉斯，奥斯卡等.急性冠脉综合征患者肥胖悖论的证据：瑞典冠状动脉造影和血管成形术的报告.欧洲心脏，2013，(34)：345-353.

[5] 安法莫，露西.体重管理的主张的有效性：对饮食文章的叙述回顾.营养学，2010，(9)：30.

[6] 阿普尔顿，凯瑟琳.6×40 分钟的锻炼可以改善身体形象，即使

体重和体型不变.健康心理学，2012，18（1）：110-120.

[7] 阿塔，瑞内·N.,J.凯文·汤姆森，布伦特·J.斯莫尔.暴露于纤薄理想身体的媒体图像对身体不满的影响：测试包含免责声明和警告标签.身体形象，2013，(10)：472-480.

[8] 巴里，沃恩等.健康与肥胖的全因死亡率：一个我的分析.心血管疾病进展，2014，(56)：382-390.

[9] 必维斯，丹尼尔等.体重减轻后的心脏代谢风险以及超重和肥胖的绝经后女性的体重反弹.老年学，2013，(68)：691-698.

[10] 贝克尔，安妮等.斐济青少年女孩长期接触电视后的饮食习惯和态度研究.英国精神病学，2002，(180)：509-514.

[11] 贝克尔曼，贾斯汀，燕李，凯瑞·P.格罗斯.在生物医学研究中引起的经济利益冲突的范围和影响：系统审查.美国医学会，2003，(289)：454-465.

[12] 布莱克，克里斯汀·E.等.体重更大的成年人报告说，他们的健康行为更积极，健康状况也更好，不管体重指数如何.肥胖，2013.

[13] 博卡斯里，米利亚姆·E.等.高果糖玉米糖浆会导致老鼠肥胖.药理学、生物化学与行为，2010，(97)：101-106.

[14] 博登海默，托马斯.不稳定的联盟：临床调查员和制药产业.新英格兰医学，2000，342（20）：1539-1544.

[15] 波切内瑞，米凯拉等.从青春期到成年期的身体不满：一项为期10年的纵向研究与发现.身体形象，2013，(10)：1-7.

[16] 卡拉汉，丹尼尔.肥胖：追逐难以捉摸的流行病.海斯汀中心报告，2013，43(1)：34-40.

[17]　卡勒，尤金尼亚等.未来美国成年人的身体质量指数与死亡率.新英格兰医学，1999，（341）：1097-1105.

[18]　卡内通，梅赛德斯等.糖尿病患者的体重状况与死亡率的关系.美国医学会，2012，308(6)：581-590.

[19]　卡萨孔，克里斯塔等.关于肥胖的迷思、假设和事实.新英格兰医学，2013，368(5)：446-454.

[20]　科温，R.L.,N.M.阿雯娜,M.M.博贾诺.喂养与奖励：来自三种暴食老鼠的模型与观点.生理与行为，2011，（104）：87-97.

[21]　科伊尔，苏珊·L..内科与产业的关系：第1部分和第2部分.内科医学年鉴，2002，（136）：396-406.

[22]　德纳，詹森，乔治·洛温斯坦.从社会科学的视角看产业给医生的礼物.美国医学会，2003，（290）：252-255.

[23]　德·冈萨雷斯，亚米等.146万白人成年人的体重指数和死亡率.新英格兰医学，2010，（363）：2211-2219.

[24]　德诺维斯基，A.等.食品环境和社会经济地位影响了西雅图和巴黎的肥胖率.国际肥胖，2014，（38）：306-314.

[25]　恩里克斯·E.，G.E.邓肯，E.A.舒尔兹.节食的年龄起始、体重指数和节食的习惯：一项双胞胎的研究.食欲，2013，（71）：301-306.

[26]　恩斯贝格，保尔，保尔·哈斯丘.肥胖对健康的影响：另一种观点.肥胖与体重管理，1987，6(2)：55-137.

[27]　法布尔，约翰，艾伦·加布勒.与制药公司有联系的医生影响治疗指南.密尔沃基哨兵报，2012-12-18.

[28]　费斯汀格，利昂.社会比较进程理论.人际关系，1954，（7）：

117-140.

[29] 菲尔德，艾莉森等 . 美国成年女性的体重循环和患 2 型糖尿病的风险，肥胖研究，2004，12(2)：267-274.

[30] 弗莱加尔，凯瑟琳等 . 使用标准身体质量指数分类的全因死亡率与超重和肥胖的联系：系统的回顾和元分析 . 美国医学会，2013，309(1)：71-82.

[31] 弗莱加尔，凯瑟琳，金宝·卡兰塔 - 扎德 . 超重、死亡率与生存 . 肥胖，2013，(21)：1744-1745.

[32] 弗莱加尔，凯瑟琳等 . 第一次全国健康和营养检查调查危害比与肥胖相关的死亡人数的估计差异来源 . 美国临床营养学，2010，(91)：519-527.

[33] 福克斯，布兰得利等 . 肥胖等于生病：这是钱的问题吗？. 医景网，2013-07-15.

[34] 福克斯，雷切尔 . 太胖了不可能成为科学家？. 高等教育纪事报，2014-07-17.

[35] 弗里斯，安，克里斯汀娜·霍利尔奎斯特 . 早期青少年具有积极的身体形象的特征是什么？对瑞典女孩和男孩进行定性调查 . 身体形象，2010，(7)：205-212.

[36] 福赫 - 伯曼，艾德里安，苏尼塔·沙赫 . 受影响的医生：社会心理学和行业营销策略 . 法学、医学和伦理学，2013，(41)：665-672.

[37] 福赫 - 伯曼，艾德里安，沙赫拉姆·雅达利 . 遵照脚本：药物销售代表如何结交朋友并影响医生 . 公共科学图书馆·医学，2007.

[38] 加纳，戴维·M.苏珊·C.伍利.肥胖治疗：虚假希望的高成本.美国饮食协会，1991，(91)：1248-1251.

[39] 吉尔曼，马修，戴维·路德维希.预防肥胖应该最早起始于何时？.新英格兰医学，2013，(369)：2173-2175.

[40] 何露白，L.等.东南亚饮食的铁吸收.美国临床营养学，1977，(30)：539-548.

[41] 海瑞格，詹妮弗等.学龄前女童的苗条理想的体型定型和内化.性别角色，2010，(63)：609-620.

[42] 哈岑布勒，M.L.,J.C.费伦，B.G.林克.污名是造成人口健康不平等的根本原因.美国公共卫生，2013，103(5)：813-821.

[43] 克里斯汀娜·霍利尔奎斯特，安·弗里森.我敢打赌，在现实生活中，他们并不是那么完美：外表的理想是从有积极的身体形象的青少年而来的.身体形象，2012，(9)：388-395.

[44] 赫梅尔，丹尼斯等.对瘦和胖的身体形象的视觉适应转移了身份.公共科学图书馆·综合，2012，7(8).

[45] 杰兰特，安东尼，皮特·弗兰克斯.身体质量指数、糖尿病、过度紧张与短期死亡率：基于人口的观察研究，2000-2006年.美国家庭医学委员会，2012，25(4)：422-431.

[46] 琼丽芙，诺曼.将肥胖视为一个公共健康问题的一些基本考量.美国公共卫生，1953，(43)：998-992.[1]

[47] 卡巴特，杰弗里.为什么将肥胖标记为一种疾病是一个巨大的错误.福布斯网，2013-10.

---

1 英文原著中此处的页码即是如此标注的。——译者注

[48]　冈，妙子等.故意体重循环对非肥胖年轻女性的影响.新陈代谢，2002，51(2)：149-154.

[49]　卡兹，德纳，亚瑟·L.卡普兰，乔恩·F.迈兹.所有的礼物都是大而小的：厘清制药行业送礼的道德规范.美国生物伦理，2003，(3)：39-46.

[50]　卡兹，大卫等.在儿童肥胖战役中探索信息传递的有效性.儿童期肥胖，2012，(8)：97-105.

[51]　考希克，苏蜜塔等.下丘脑的自噬神经细胞调节食物的摄入量和能量平衡.细胞代谢，2011，(14)：173-183.

[52]　科里门提迪斯，扬等.煤矿中的金丝雀：对肥胖流行复杂性的跨物种分析.英国皇家学会学报，2011，(B278)：1626-1632.

[53]　克雷默，卡罗琳娜，伯纳德·津曼，拉维·瑞纳卡然.新陈代谢健康的超重和肥胖是良性的吗？系统的回顾和元分析.内科医学年鉴，2013，(159)：758-769.

[54]　拉特纳，珍妮特，劳拉·杜尔素，乔纳森·蒙德.治疗超重和肥胖的成年人的健康和与健康相关的生活质量：与内化体重偏见的关联分析.饮食失调，2013，1(3).

[55]　拉维，卡尔等.稳定冠心病的身体组成与生存——肥胖悖论对瘦体重指数和身体肥胖的影响.美国心脏病学会，2012，(60)：1374-1380.

[56]　李，蒂莫斯·C等.社会经济地位与2型糖尿病：妇女健康研究的数据.公共科学图书馆·综合，2011.

[57]　利埃贝尔，鲁道夫，朱尔斯·赫希.降低减肥病人的能量需求.新陈代谢，1984，33(2)：164-170.

[58] 丽斯奈尔，劳伦等．弗雷明汉人口的体重和健康结果的变化．新英格兰医学，1991，(324)：1839-1844.

[59] 展望未来研究小组．2 型糖尿病的强化生活方式干预对心血管的影响．新英格兰医学，2013，(369)：145-154.

[60] 卢斯蒂格，罗伯特·C.哪个先来？是肥胖还是胰岛素？是行为还是生物化学？．儿科学，2008，(152)：601-602.

[61] 马吉丹，约瑟夫．一个肥胖医生的回忆录，内科医学年鉴，2010，(153)：686-687.

[62] 曼，特雷西等．医疗保险寻求有效的肥胖治疗方案：节食不是答案．美国心理学家，2007，(62)，220-233.

[63] 马基，夏洛特．为何身体形象对青少年的发展很重要．青春期与青年，2010，(39)：1387-1391.

[64] 马斯特斯，瑞安等．肥胖对美国死亡率水平的影响：年龄和组群因素对人口估计的重要性．美国公共卫生，2013，(103)：1895-1901.

[65] 麦卡利斯特，E.J.等．肥胖流行的十个公认的诱因．食品科学与营养的批判性评论，2009，(49)：868-913.

[66] 麦考利，保罗等．患有前驱糖尿病的成人的健康、肥胖和生存．糖尿病护理，2014，(37)：529-536.

[67] 麦考利，保罗．肥胖与死亡：缺失的关联．英国医学，2011，(342)．

[68] 门纳奇米，N.，等．营养和肥胖同行评审的夸大陈述．美国预防医学，2013，(45)：615-621.

[69] 米勒，韦恩·C..传统饮食和运动对减肥的干预有多有效？．临

床科学，1999，31(8)：1129-1134.

[70]　蒙塔尼，J.P. 等 . 在生长期间体重循环以及之后的心血管疾病的风险因素："重复的过度射击"理论 . 国际肥胖，2006，(30)，S58-S66.

[71]　穆尼格，皮特 . 我认为我是：将理想体重视为健康的决定因素 . 美国公共卫生，2007，(98)：501-506.[1]

[72]　穆尼格，皮特 . 身体政治：污名化与身体相关疾病之间的联系 .BMC 公共卫生，2008，(8) .

[73]　米勒，M.J.A. 博瑟 - 韦斯特法尔，S.B. 荷马斯费得 . 是否有证据表明有一个管理人体体重的设定点？ .F1000 医学报告，2010，(2)：59.

[74]　莫塔夫，林德赛，大卫·路德维希 . 国家干预危及生命的儿童期肥胖症 . 美国医学会，2011，306(2)：206-207.

[75]　尼拜林，琳达等 . 体重循环与免疫能力 . 美国饮食协会，2004，(104)：892–894.

[76]　诺依马尔科 - 斯坦纳，戴安娜等 . 青少年的肥胖、饮食紊乱和饮食失调的纵向研究：节食者 5 年后的生活方式如何？ . 美国饮食协会，2006，(106)：559-568.

[77]　诺依马尔科 - 斯坦纳，戴安娜等 . 从青春期到成年期的节食和饮食紊乱：一项为期 10 年的纵向研究与发现 . 美国饮食协会，2011，(111)：1004-1011.

[78]　奥达尼，迈克尔 . 厚处方：对药品销售实践的解释 . 医学人类学

1　此文收录的具体时间原文中标注的是 2007，(98) 期，但附录中标注的是 2008，(98) 期。——译者注

季刊，2004，18(3)：325-356.

[79] 奥利尚斯基，S.杰伊等.在21世纪，美国人的预期寿命可能会下降.新英格兰医学，2005，(352)：1138-1145.

[80] 欧帕纳，希瑟等.BMI和死亡率：加拿大成人纵向研究的结果.肥胖，2009，(18)：214-218.

[81] 帕德瓦，R.等.减肥手术：对随机性的试验的系统回顾和网络元分析.肥胖评论，2011，(12)：602-621.

[82] 佩雷蒂，雅克.丰厚的利润：食品行业如何利用肥胖赚钱.卫报，2013-08-07.

[83] 皮尤慈善信托基金会.学术医疗中心的利益冲突政策.皮尤慈善信托基金会报告，2013-12.

[84] 彭-坎特，吉纳维芙.重新审视美国食品药品管理局咨询委员会的财务利益冲突.米尔班克季刊，2014，(92)：446-470.

[85] 费伦，苏珊娜等.成功维持体重者从复发中恢复过来.美国临床营养学，2003，(78)：1079-1084.

[86] 皮尔提蓝南，K.H..节食会让你变胖吗？一项双胞胎研究.国际肥胖，2012，(36)：456-464.

[87] 皮哈斯，蕾拉等.以健康的体重来交易健康：健康体重计划的未知方面.饮食失调，2013，(21)：109-116.

[88] 波利维，珍妮特，C.皮特·赫尔曼.痛苦和饮食：为什么节食者吃得过多？.国际饮食失调，1999，26(2)：153-164.

[89] 波利维，珍妮特，朱莉·科尔曼，C.皮特·赫尔曼.剥夺对食物的渴望与节制/解除节制饮食者的饮食行为影响.国际饮食失调，2005，38(4)：301-309.

[90] 珀斯塔，特里西娅·L.，芭芭拉·洛斯，希拉·G.韦斯特.进食能力与心血管疾病生物标志物之间的关联分析.营养教育行为，2007，(39)，S171-S178.

[91] 思科威，N.A.R.普尔，K.D.布劳内尔.污名的压力：探究体重歧视对皮质醇反应的影响.身心医学，2014，(76)：156-162.

[92] 普尔，丽贝卡，切尔西·霍伊尔.肥胖污名：对公共卫生的重要考量.美国公共卫生，2010，(100)：1019-1028.

[93] 普尔，丽贝卡，切尔西·霍伊尔.肥胖的耻辱：回顾与更新.肥胖，2009，17(5)：941-964.

[94] 普尔，丽贝卡，凯里·布朗奈尔.偏见、歧视与肥胖.肥胖研究，2001，9(12)：788-805.[1]

[95] 雷伯恩，保罗.减肥的真正真相是什么？一切向钱看.麻省理工学院的奈特科学新闻.2013-02-11.

[96] 罗宾斯，杰西卡等.社会经济地位和诊断糖尿病发病率.糖尿病研究与临床实践，2004，(68)：230-236.

[97] 罗梅罗-克拉尔，亚伯等.体重、总死亡率和心血管事件的关系：对队列研究的系统回顾.柳叶刀，2006，(368)：666-678.

[98] 萨特，埃琳.饮食能力：萨特饮食能力模型的定义和证据.营养教育与行为，2007，(39)，S142-S153.

[99] 施瓦兹，马琳等.一个人自身的体重对隐式和显式的反肥胖的偏见的影响.肥胖，2006-03-14：440-447.

[100] 斯卡特，詹森，萨拉·杜戈尔，多提·罗伊.每日日记评估女性

---

1 原文在正文的附录中标注的是第9期，与此处标注有歧义。——译者注

体重的污名化.健康心理学，2014：1-13.

[101] 夏普，海伦，武瑞克·瑙曼，珍妮特·特雷热.肥胖交谈是导致身体不满的一个因果因素吗？系统的回顾和元分析.国际饮食失调，2013，46（7）：643-652.

[102] 西斯蒙多，塞尔吉奥.制药行业资助如何影响试验结果：因果结构和反应.社会科学与医学，2008，（66）：1909-1914.

[103] 史密斯-杰克逊，T.J.J.雷艾尔·萨克莱.应对"糟糕的身体形象日"：一年级年轻的成年女大学生的策略.身体形象，2011，（8）：335-342.

[104] 索博，杰弗里，阿尔伯特·.J.斯图卡特.社会经济地位与肥胖：一项文学回顾.心理学公报，1989，（105）：260-275.

[105] 史蒂芬，伊恩，A.崔施-马里耶·佩雷拉.判断吸引力和健康之间的区别：暴露于模型图像会影响男性和女性的判断吗？.公共科学图书馆·综合，2014-01-20.

[106] 苏门答腊，普里亚，约瑟夫·普罗耶托.为体重辩护：减肥后体重反弹的生理基础.临床科学，2013，（124）：231-241.

[107] 斯瓦米，维纶等.在世界10个地区的26个国家中，女性体重的吸引力和女性身体的不满意度：国际组织项目I的结论.人格与社会心理学公报，2010，（36）：309-325.

[108] 泰格曼，马里卡，艾米·斯莱特，维罗妮卡·史密斯."免费润色"：给媒体图片贴上"没有对女性身体进行数字化处理"的标签对女性身体不满产生的效果.身体形象，2013，（11）：85-88.

[109] 托米亚玛，A.珍妮特，布里特·奥斯隆，特拉齐·曼.节食的长期影响：减肥是否与健康有关？.社会与人格心理学罗盘，

2013，(7)：861-877.

[110] 托米亚玛，A.珍妮特等.低卡路里饮食会增加皮质醇.身心医学，2010，(72)：357-364.

[111] 蒂尔卡，特雷西等.为了健康对体重的包容与体重的规范：评估优先考虑幸福而不是体重减轻的证据.肥胖，2014.

[112] 凡·登·伯格，帕特里夏，戴安娜·诺依马尔科 - 斯坦纳.五年后胖女孩快乐：喜欢自己的身体对超重的女孩是件坏事吗？.青少年健康，2007，(41)：415-417.

[113] 凡·怀，G.等.健康成人的体重循环和 6 年体重变化：有氧运动中心的纵向研究.肥胖，2007，15(3)：731-739.

[114] 瓦塔尼安，连尼，约书亚·史密斯.首先不要伤害病人：肥胖污名与公共卫生.生命伦理调查，2013，(10)：49-57.

[115] 瓦赞纳，阿什利.医生和制药行业：礼物只是一份礼物吗？.美国医学会，2000，(283)：373-380.

[116] 韦尔，德里斯等.取笑病人：医学生的认知和在临床实验中使用贬损和玩世不恭的幽默.学术医学，2006，81(5)：454-462.

[117] 维尔特，迈克尔·D.等.慢性体重不满意预测 II 型糖尿病风险：有氧中心纵向研究.健康心理学，2014，(33)：912-919.[1]

[118] 玛西亚·伍德.各个尺码都健康：肥胖美国人的新希望？.农业研究，2006.

1　原文在正文的附录中标识这篇文章发表于美国心理学协会，与此处的发表出处有歧义。——译者注

人名及专有名词索引 [1]

人名索引（按英文首字母排序）

阿比盖尔·萨吉（Abigail Saguy）

阿道夫·凯特勒（Adolphe Quetelet）

A. E. 哈普（A.E.Haper）

A. J. 斯图卡特（A. J. Stunkard）

阿利斯泰尔·图卢克（Alistair Tulloch）

阿丽莎（Alyssa）

亚历山大·蒲柏（Alexander Pope）

阿曼达·塞恩斯伯里 - 萨利斯 (Amanda Sainsbury-Salis)

安塞尔·季思（Ancel Keys）

安·弗里森（Ann Frisen）

安·胡德（Ann Hood）

安妮·博林（Anne Bolin）

安妮·贝克尔（Anne Becker）

安妮·梅内利（Anne Meneley）

1　译者整理。

阿德斯·霍文 (Ardis Hoven)

阿恩·阿斯楚普（Arne Astrup）

阿琳·梅尔卡多 (Arlene Mercado)

艾莉亚·沙玛 (Arya Sharma)

阿什利·斯金纳（Asheley Skinner）

奥黛丽·尼芬格 (Audrey Niffenegger)

本杰明·德杰贝戈维奇 (Benjamin Djulbegovic)

碧昂斯 (Beyonce)

布拉德利·福克斯（Bradley Fox）

布莱恩·文森克（Brian Wansink）

卡尔·拉维（Carl Lavie）

卡洛琳（Carolyn）

查宁·塔图姆（Channing Tatum）

查尔斯·道奇森 (Charles Dodgson)，

查尔斯·惠兰（Charles Whelan）

夏洛特·库珀（Charlotte Cooper）

切维塞·特纳 (Chevese Turner)

克莉丝汀·布莱克（Christine Blake）

克里斯蒂·特灵顿 (Christy Turlington)

克莱尔·麦卡斯基（Claire McCaskil）

克劳戴莉·戈麦斯 - 尼卡诺尔（Claudialee Gomez-Nicanor）

克里斯托（Crystal）

达纳·卡茨 (Dana Katz)

丹尼尔·卡拉汉（Daniel Callahan）

达拉 - 林恩·威斯（Dara-Lynn Weiss）

戴维·安利森（David Allison）

大卫·加纳（David Garner）

大卫·卡兹（David Katz）

大卫·赫伯（David Heber）

大卫·B. 阿里森（David B. Allison）

大卫·路德维希（David Ludwig）

道恩（Dawn）

德布伯·加尔德 (Deb Burgard)

黛布拉（Debra）

丹尼斯·赫梅尔（Dennis Hummel）

戴安娜·诺侬马尔科 - 斯坦纳（Dianne Neumark-Sztainer）

多纳·瑞安（Donna Ryan）

唐·德雷珀 (Don Draper)

唐·库利克（Don Kulick）

温莎公爵夫人（Duchess of Windsor）

爱伦（Ellen）

埃琳·萨特 (Ellyn Satter)

伊丽莎白·泰勒 (Elizabeth Taylor)

艾莉丝·雷施（Elyse Resch）

埃里克·坎贝尔（Eric Campbell）

埃里克·内斯 (Erik Ness)

金尼亚·卡勒（Eugenia Calle）

伊芙琳·特博尔（Evelyn Tribole）

伊芙琳·阿蒂亚 (Evelyn Attia)

盖伦（Galen）

盖尔·丹尼斯（Gail Dines）

加里 (Gary)

杰弗里·米勒 (Geoffrey Miller)

乔治·布莱克本（George Blackburn）

葛罗莉亚·斯坦能 (Gloria Steinem)

哈里特·布朗（Harriet Brown）

亨利·塔伊费尔 (Henri Tajfel)

希拉里·克林顿（Hillary Clinton）

爱丽丝·希金斯（Iris Higgins）

雅克·佩雷蒂（Jacques Peretti）

詹姆斯·希尔 (James Hill)

杰米 (Jamie)

简·赖特（Jan Wright）

珍妮特·拉特纳 (Janet Latner)

简特·托米亚玛（Janet Tomiyama）

杰森·西卡特 (Jason Seacat)

詹姆斯·希尔（James Hill）

珍妮特·波利维（Janet Polivy）

吉恩·基尔伯恩 (Jean Kilbourne)

杰弗里·索博（Jeffery Sobal）

珍妮弗·安妮斯顿（Jennifer Aniston）

詹妮弗·利文斯顿 (Jennifer Livingston)

詹妮·克雷格（Jenny Craig）

乔·斯温森 (Jo Swinson)

乔·麦卡锡（Joe McCarthy）

约瑟夫·马吉丹 (Joseph Majdan)

朱莉·古斯曼（Julie Guthman）

琼·伦登 (Joan Lunden)

乔·曼甘尼洛 (Joe Manganiello)

约翰内斯·比尔彻（Johannes Bircher）

约翰·瓦斯（John Wass）

乔斯林（Joslyn）

乔伊斯·梅纳德 (Joyce Maynard)

朱莉娅·罗伯茨 (Julia Roberts)

贾斯汀·贝克尔曼（Justin Bekelman）

凯特（Kate）

凯特·哈丁（Kate Harding）

凯特·摩丝（Kate Moss）

凯瑟琳·弗莱加尔（Katherine Flegal）

凯蒂·罗斯（Katie Loth）

凯蒂·佩里（Katy Perry）

凯利·科菲（Kelley Coffey）

凯尔希（Kelsey）

肯尼思·库珀（Kenneth Cooper）

金·贝茨（Kim Bates）

克里斯·克林格（Kris Kringle）

克里斯汀娜·霍利尔奎斯特（Kristina Holmqvist）

兰斯·阿姆斯特朗（Lance Armstrong）

利昂·费斯汀格（Leon Festinger）

蕾拉·皮哈斯（Leora Pinhas）

刘易斯·卡罗尔（Lewis Carroll）

琳达·培根（Linda Bacon）

琳德塞·艾弗瑞尔（Lindsey Averill）

丽芙（Liv）

丽萨贝斯（lizabeth）

娄·格兰特（Lou Grant）

路易斯·C.K.(Louis C.K.)

曼迪（Mandy）

玛丽莲·梦露（Marilyn Monroe）

玛丽卡·蒂格曼（Marika Tiggemann）

马里恩·奈斯德（Marion Nestle）

玛丽莎·米勒（Marisa Miller）

玛丽·奥利弗（Mary Oliver）

玛丽·博贾诺（Mary Boggiano）

玛丽莲·瓦恩（Marilyn Wann）

玛丽安·科比（Marianne Kirby）

M. C. 埃舍尔（M. C. Escher）

穆罕默德·奥兹（Mehmet Oz）

梅凯拉·迪尔（Mekayla Diehl）

梅丽莎·麦卡锡 (Melissa McCarthy)

梅赛德斯·卡内通（Mercedes Carnethon）

M. F. K. 费舍尔（M. F. K. Fischer）

迈克尔·加尔 (Michael Gard)

迈克尔·艾莉森（Michelle Allison）

迈克尔·加尔（Michael Gard）

迈克尔·奥达尼（Michael Oldani）

米歇尔·奥巴马（Michelle Obama）

迈克尔·伯伦（Michael Pollan）

米里亚姆·阿特舒勒 (Miriam Altshuler)

莫比乌斯（Mobius）

南希·埃特科夫（Nancy Etcoff）

纳奥米·伍尔夫 (Naomi Wolf)

尼古拉·阿雯娜（Nicole Avena）

妮特 · 玛丽 · 麦金利 (Nita Mary McKinley)

彼诺曼 · 乔立夫（Norman Jolliffe）

奥普拉 · 温弗瑞（Oprah Winfrey）

帕梅拉 · 赖利 (Pamela Reilly)

阿耳戈斯（Panoptes）

保罗 · 波兹利（Paolo Pozzilli）

帕特 (Pat)

帕蒂 (Pattie)

帕特里克（Patrick）

保罗 · 坎波斯（Paul Campos）

保尔 · 恩斯贝格（Paul Ernsberger）

保罗 · 克雷格（Paul Craig）

保罗 · 麦卡利（Paul McAuley）

彼得 · 阿提亚（Peter Attia）

皮特 · 穆尼格 (Peter Muennig)

皮特 · 史克拉巴内克（Petr Skrabanek）

蕾切尔 · 福克斯 (Rachel Fox)

瑞根 · 柴斯坦（Ragen Chastain）

雷 (Ray)

丽贝卡 · 加登（Rebecca Garden）

丽贝卡 · 波普诺（Rebecca Popenoe）

丽贝卡·普尔（Rebecca Puhl）

厉娜·温（Rena Wing）

蕾妮·赛德莱尔（Renee Sedliar）

雷诺阿（Renoir）

鲁宾·安德烈斯（Reubin Andres）

罗伯特·卢斯蒂格（Robert Lustig）

罗宾·弗兰姆（Robin Flamm）

露丝·加伊（Ruth Gay）

莎莉·吉福德·派珀（Sally Gifford Piper）

莎拉·贝克（Sarah Baker）

塞思·马汀斯（Seth Matlins）

塞思·斯蒂芬斯-达维多维茨（Seth Stephens-Davidowicz）

桑歇尔·姆莲娜（Sendhil Mullainathan）

珊·顾新那（Shan Guisinger）

香农（Shannon）

西蒙娜·德·波伏娃（Simone de Beauvoir）

杰伊·奥利尚斯基（S.Jay Olshansky）

斯泰西（Stacey）

史蒂文·布莱尔（Steven Blair）

史蒂芬妮·费特（Stephanie Fetta）

西瑞·阿斯维特（Siri hustvedt）

谭·弗莱（Tam Fry）

特里（Terri）

托马斯·因塞尔（Thomas Inesl）

托马斯·瓦登（Thomas Wadden）

特雷西·曼（Traci Mann）

崔姬（Twiggy）

厄普顿·辛克莱（Upton Sinclair）

凡妮莎（Vanessa）

维利迪安娜·利伯曼（Viridiana Lieberman）

沃尔特·威利特（Walter Willett）

文英·西尔维娅·周（Wen-ying Sylvia Chou）

威廉·埃内斯特·亨利（William Ernest Henley）

威廉·克里斯（William Klish）

威廉·希尔斯（William Sears）

伍迪·哈钦森（Woody Hutchinson）

泽维尔·派 - 桑耶尔（Xavier Pi-Sunyer）

约尼·弗雷德霍弗（Yoni Freedhoff）

专有名词索引（按首次出现在本书中的顺序排序）

无头胖子（headless fatty）（导言）

弗雷明汉心脏研究（Framingham Heart Study）（第一章）

肥胖悖论 (obesity paradox)（第一章）

快验保（Medifast）（第一章）

M.C.埃舍尔（M. C. Escher）（第一章）

体重循环（Weight cycling）（第二章）

瀑布效应（cascade effect）（第二章）

暴食症（binge eating）（第二章）

溜溜球模式（即"减重与反弹循环"yo-yo pattern）（第二章）

BMI 指数（BMI chart）（第二章）

慧俪轻体减肥中心（Weight Watchers）（第二章）

珍妮·克莱格体重管理公司（Jenny Craig）（第二章）

液体蛋白长寿药减肥法（ProLinn Die）（第二章）

弗莱彻主义（Fletcherism）（第二章）

设定点（set point）（第二章）

稳定点（settling points）（第二章）

紧张的带宽（strained bandwidth）（第二章）

体重欺凌（weight bullying）（第三章）

饕餮至死（eating ourselves to death）（第三章）

美国参议院营养与人类需求特别委员会（the US Senate Select Committee on Nutrition and Human Needs），非正式地称为 McGovern 委员会（第三章）

季思等式 (Keys equation)（第三章）

健康食品症（orthorexia）（第三章）

坏体液 (bad humors)（第四章）

肥胖的（adipose）（第四章）

超重的（overweight）（第四章）

过度肥胖的 (obese)（第四章）

立体定向手术 (stereotactic surgery)（第四章）

精神外科学 (psychosurgery)（第四章）

下颌金属线缝术（Jaw wiring）（第四章）

腹腔带手术（lapband surgery），即"腹腔镜可调式胃部捆扎"(laparoscopic adjustable gastric banding)（第四章）

袖状胃切除术（sleeve gastrectomy）（第四章）

十二指肠转位术 (duodenal switch)（第四章）

胃旁路手术（Roux-en-Y gastric bypass）（第四章）

医疗化（medicalization）（第四章）

附属服务（subsidiary services）（第四章）

美国医学会 (American Medical Association)（第四章）

循环推理（circular reasoning）（第四章）

美国国立卫生研究院 (National Institutes of Health)（第四章）

冲突的经济利益（financial conflicts of interest）（第四章）

第三人效应 (the third-person effect)（第四章）

直觉式饮食（intuitive eating）（第四章）

政治正确（politically correct）（第四章）

维伦多夫的维纳斯（Venus of Willendorf）（第五章）

好基因理论（good genes theory）（第五章）

爱丽丝梦游仙境综合征（Alice in Wonderland Syndrome）（第五章）

身体畸形恐惧征（body dysmorphic disorder）（第五章）

群内（in-groups）（第五章）

群外 (out-groups)（第五章）

《2014 诚信广告法案》（*The Truth in Advertising Act of 2014*）（第五章）

稀缺资源理论 (scarce-resources theory)（第五章）

圆形监狱（panopticon）（第五章）

媒体圆形监狱（media panopticon）（第五章）

有毒的抑制解除行为（acts of toxic disinhibition）（第五章）

网络霸凌（cyberbullying）（第五章）

称重长椅（weighing benches）（第五章）

胃分流手术（gastric bypass surgery）（第五章）

自我客体化（self-objectification）（第五章）

盖洛普调查 (Gallup survey)（第五章）

肥胖谈话现象（the phenomenon known as "fat talk"）（第六章）

自我霸凌（self-bullying）（第六章）

身体自我（physical selves）（第六章）

道德恐慌（moral panic）（第六章）

蜂王综合征（queen bee syndrome）（第六章）

同病相怜综合征（misery-loves-company syndrome）（第六章）

体重抑制（weight suppressed）（第六章）

暴食症协会 (Binge Eating Disorder Association)（第六章）

本我 (essential self)(第六章)

援助肥胖美国人的全国协会（National Association to Aid Fat Americans, NAAFA）（第七章）

接受肥胖全国促进会（National Association to Advance Fat Acceptance）

（第七章）

能力进食法（competent eating）（第七章）

直觉饮食法（intuitive eating）（第七章）

任何尺码都健康运动（Health at Every Size，HAES）（第七章）

体重中立（weight-neutral）（第七章）

原始饮食法（Paleo Diet）（第七章）

戒食会（Overeaters Anonymous）（第七章）

栖居于自身（inhabit myself）（第七章）

社会性比较现象（the phenomenon of social comparison）（第七章）

比上不足（Upward comparison）（第七章）

比下有余（Downward comparison）（第七章）

致　谢

感谢丽贝卡·加登（Rebecca Garden），帕梅拉·赖利（Pamela Reilly），埃里克·内斯（Erik Ness）和史蒂芬妮·费特（Stephanie Fetta），他们一直在阅读文章的章节并给予我极好的反馈。

一如既往地感谢米里亚姆·阿特舒勒（Miriam Altshuler），她真正催生了本书。她从一开始就相信它，并且坚持认为我做对了。我也希望事实如她所言。

感谢我出色的编辑蕾妮·赛德莱尔（Renee Sedliar），她是一位拥有非凡感知力、洞察力和远见的女性，也感谢整个团队的完美配合。

最后感谢杰米（Jamie），他将此书化腐朽为神奇！

译后记

在我看来，减肥是一件仁者见仁智者见智的事，是每个人可以自由选择生活方式和价值认同的事。无论主流文化如何引导减肥的潮流，无论社会思潮是鼓励减肥还是批判减肥，总有不快乐的瘦子和快乐的胖子存在，就像总有快乐的瘦子和不快乐的胖子存在一样。我从不将减肥文化视为一种不可救药的大敌，因为这个大敌从本质上来说是一个虚幻的认同。不同现实需求、不同成长环境、不同审美观念、不同人际交往方式，以及等等等等的变量，都会给人们与减肥文化之间带来或主要或次要的影响。所以减肥的人不代表就是被减肥文化摆布的愚昧人，不减肥也不代表着懒惰、疾病、糟糕。

本书里包含着很多信息，有文化审美的更迭、有医疗市场的利益揭秘、有对科研不严谨甚至是造假的批判、也有大量日常生活中饮食男女的生命书写。很多鲜活的故事读起来实在令人胆战心惊。为了减肥，人们如何一再降低自己的尊严底线，如何长年累月地自我折磨、自我贬损，如何忍受各种有引导性偏颇性的信息轰炸，如何在丧失自我随波逐流的习惯与规则中活下来……

这一切都仅仅为了减肥。

作者批判了减肥文化，认为我们错得太离谱了，我们过分极端了。

作为译者，我理解作者的苦心，我也认为在全世界一边倒地宣传减肥优势的同时（为何会这样呢？因为有利可图啊！），我们急切需要了解减肥文化被刻意遮蔽以及充满欺骗的一面。但是，我不认为减肥是一无是处的，是非人性的，是愚昧无知的，我也不认为应该倡导一种人人都不要减肥的文化。相反，我坚信每个人都有自由选择生活方式的权利，包括选择是否减肥的权利，我坚决捍卫这种权利。

如果说本书的价值在于揭示了减肥负面性和谎言性的巨大深海，那么它在价值观上倡导的客观、谨慎、批判性与全局性的思考角度，以及拒绝极端化、拒绝非此即彼的价值判断，是我最为欣赏并认为最宝贵的内容。

在减肥这件事上，要保障所有人的知情权，才是尊重所有人的自由选择权。你应该知道如果减肥，无论采用节食、锻炼还是手术的方式，都会出现体重循环，而体重循环会影响新陈代谢，会带来身心一系列的后果。在当前各种减肥行业和减肥文化所宣传的减肥方式中，都将个人置于一种被规制、被监视的立场上。你不能随心所欲地吃任何东西，不能变换不同的生活习惯和生活方式。为了保持减肥的效果，意味着你可能数十年如一日地要坚守某一种生活方式，比如素食、不吃主食、每天锻炼、控制卡路里等。一旦有一天不能坚持，减肥就会功亏一篑，反弹就会如洪水猛兽般吞噬你的身体和你的一切。如果你知情，但仍愿意为了一时的减重效果而承担这些后果，虽然这是一种极端化的选择，但这就是你对你的身体做出的一种自主选择。

但是，这尽管的确是你对你的身体做出的选择，却并不一定会是身体愿意接受的一种选择。你的大脑这么选了，但你的身体可能没有这么选，所以你会反弹、会减肥失败，不是你的问题，也不是大脑的问题，而是身体不高兴，它不配合你的选择。身体也是有自主性，有本能的、顽固的一面。事实就是这么简单。

有没有不极端的减肥方法呢？我认为本书已经写得清清楚楚了。直觉饮食法、能力饮食法啊！如果采用了这种方法你还是不瘦说明什么呢？说明你的身体本来就不适合瘦。如果你硬要让它变瘦，它也会想方设法对抗变瘦。身体就是这么有意思、这么有主见。所以，身体真相是什么呢？是你去发掘自己的身体到底是怎样的，尊重身体的本质，尊重身体的选择。人们常说"我的身体我做主"，这不完全正确，在减肥这件事上，应该是"我的身体，我的身体自己做主"才对。

极端不能解决任何问题，妄图宣扬采用极端方法可以解决减肥问题的都是谎言。顺其自然、中庸之道，在减肥这件事上也是具有指导意义的。

如果让整个社会文化接受这一事实，恐怕还需不少时日，甚至社会文化有可能不会完全接受或者永远不会接受这一事实。但是我们自己，我们每个人，至少可以去知情了解、慢慢试探、尝试接受这一事实。因为你越早接受这一事实，减肥于你而言就不再是个迷思，你不会再感到迷茫、挫折、懊悔。你的生活将变得一片澄明。

作为一名研究性别与媒体的研究者，我对本书中所提及的部分研究者的行为不端以及医疗行业、减肥产业的某些潜规则深感痛心。为了各种各样的利益，所谓的专家能够建构起各种表面权威实则毫无依据的观点和说法，以扩大人们对减肥的需求，以加深人们对不减肥者的憎恶。更可怕的是，不仅仅是在价值认同上做着荼毒之事，而且借用医疗标准来将减肥作为疾病治疗，并将这种治疗常规化。所以，本书不仅仅是解除对减肥的迷思，也是解除对所谓的专家观点、市场主导的迷思。知情、批判性地、全局性地看问题，是获得自由权利的前提。

感谢媒介与女性研究方向的硕士研究生杨莹、武奋丰、张瑶、李贝贝、崔雪放、丁靓琦、黄瑞婷、杨娜对本书前期翻译做出的贡献[1]，全书翻译及校订由本人完成。根据国人阅读习惯，本人对参考文献和部分注释进行了调整。由于翻译水平有限，全书出现的任何错误由本人承担，也恳请读者谅解。

感谢新星出版社总经理助理姜淮对我的信任，他将此书推荐给我并留给我相对充裕的翻译时间；感谢本书的责编和出版团队，感谢所有为本书付出过努力和心血的同人。

最后，本书送给我心爱的儿子王久之，感谢他陪我度过了难忘的2018年整个暑假每天八个小时的译稿生活。

张敬婕

---

1 根据每个人参与章节的顺序依次排序。

著作权合同登记号：01-2019-5481

图书在版编目（CIP）数据

身体真相：科学、历史和文化如何推动我们痴迷体重／（美）哈里特·布朗著；张敬婕译．—北京：新星出版社，2020.2

ISBN 978-7-5133-3710-6

Ⅰ.①身… Ⅱ.①哈… ②张… Ⅲ.①人体科学－普及读物 Ⅳ.① Q98-49

中国版本图书馆 CIP 数据核字 (2019) 第 202645 号

新未来

身体真相：科学、历史和文化如何推动我们痴迷体重

（美）哈里特·布朗 著；张敬婕 译

出版策划：姜 淮 黄 艳
责任编辑：杨 猛
责任校对：刘 义
责任印制：李珊珊
封面设计：冷暖儿

出版发行：新星出版社
出 版 人：马汝军
社 址：北京市西城区车公庄大街丙3号楼　　100044
网 址：www.newstarpress.com
电 话：010-88310888
传 真：010-65270449
法律顾问：北京市岳成律师事务所

读者服务：010-88310811　　service@newstarpress.com
邮购地址：北京市西城区车公庄大街丙 3 号楼　　100044

印 刷：北京美图印务有限公司
开 本：660mm×970mm　　1/16
印 张：16.75
字 数：200千字
版 次：2020年2月第一版　　2020年2月第一次印刷
书 号：ISBN 978-7-5133-3710-6
定 价：58.00元